黑龙江省自然科学基金项目（LH2021E108

温度作用下油页岩孔渗特征演化规律研究

刘志军　著

中国矿业大学出版社

·徐州·

内 容 提 要

本书基于油页岩原位注热开采理论体系,选取抚顺东露天矿油页岩和新疆吉木萨尔油页岩为研究对象,基于 X 射线衍射、热重-红外-质谱、低温氮吸附、高压压汞、低场核磁共振等实验,对油页岩的物性特征、细观全尺度孔隙结构特征及连通性的演化进行了系统研究;通过高温三轴渗透实验台,对油页岩的宏观渗透特性随温度及孔隙压力的变化规律进行了研究;建立了油页岩原位注热开采的热流固耦合数学模型,并基于实测热力学参数进行原位注热开采数值模拟,分析了油页岩原位注热过程中温度场、渗流场、位移场的动态分布规律,为油页岩原位注热开采、地面干馏技术提供了参考依据。

本书可作为油页岩原位开采、干馏技术相关生产技术管理、科研、设计等部门人员的参考书和指导用书。

图书在版编目(C I P)数据

温度作用下油页岩孔渗特征演化规律研究 / 刘志军
著.— 徐州:中国矿业大学出版社,2024.10
    ISBN 978 - 7 - 5646 - 6260 - 8

    Ⅰ.①温… Ⅱ.①刘… Ⅲ.①油页岩干馏—研究
Ⅳ.①TE662.5

    中国国家版本馆 CIP 数据核字(2024)第 098855 号

书　　　名	温度作用下油页岩孔渗特征演化规律研究
著　　　者	刘志军
责任编辑	王美柱
出版发行	中国矿业大学出版社有限责任公司
	(江苏省徐州市解放南路　邮编 221008)
营销热线	(0516)83885370　83884103
出版服务	(0516)83995789　83884920
网　　　址	http://www.cumtp.com　E-mail:cumtpvip@cumtp.com
印　　　刷	江苏淮阴新华印务有限公司
开　　　本	787 mm×1092 mm　1/16　**印张** 8.25　**字数** 211 千字
版次印次	2024 年 10 月第 1 版　2024 年 10 月第 1 次印刷
定　　　价	48.00 元

(图书出现印装质量问题,本社负责调换)

前　言

　　能源行业目前正面临重大挑战。随着全球人口持续增长、对能源需求不断增加,预计到 2040 年全球能源需求将增长 30% 左右,能源供应压力巨大。《2022 年国内外油气行业发展报告》指出,国际油气价格剧烈波动,全球在能源安全与低碳转型中寻求平衡发展。报告预测,2023 年国内原油和石油对外依存度将分别升至 73.5% 和 72.9%,如此严重的石油依赖使得我国的能源保障和供应面临巨大的威胁和挑战。

　　面对传统石油天然气资源产能有限与供需关系脆弱的现状,地热能、页岩气、天然气水合物、油页岩等非常规能源越来越受到各国的重视。尤其是 21 世纪以来美国对页岩油气资源的成功开发,极大地促进了各国对非常规能源的关注。其中,油页岩的全球储量约为 60 500 亿桶,是常规原油储量的 4 倍。因此,油页岩作为一种非常规能源,以其丰富的资源和综合利用价值吸引了全世界的关注。中国油页岩资源储量 3 300 亿桶,排名世界第二。

　　油页岩的使用历史可以追溯到古代,但直到 20 世纪欧洲、北美洲和南美洲以及亚洲大规模工业化后,油页岩作为液态燃料的使用才开始兴起,而因成本问题在国际油价的波动下发展缓慢,近年来因技术的进步和人们对石油安全的危机意识的增加,油页岩的开采利用及技术研发又重新提上日程。对于油页岩的开发利用,其本质是通过加温使其中的有机质达到裂解温度而降解为油气资源,目前国内外对油页岩开发以地面干馏为主,即采用井工开采或者露天采矿的方法将油页岩由地下开采至地面,通过低温干馏炉干馏,并将所得的页岩油、页岩气体产物收集利用。中国是世界上最大的页岩油生产国。但因成本高、开采强度大、占地面积大、开发利用率低、环境污染等原因,地面干馏方法始终没有得到大规模的发展。鉴于油页岩地面干馏技术的上述问题,国内外把研究的重点转移到了油页岩地下干馏技术方面,以寻求更加高效的油页岩开发方式。

　　我国油页岩资源品位较低,埋藏深度较大,且地面干馏技术受上述问题的制约,故应着力于油页岩地下原位开采的理论研究与技术研发。油页岩原位热解涉及复杂的物理化学反应。在热解过程中,油页岩微观孔隙结构和物理化学性质相互作用并发生显著变化。油页岩复杂的多孔结构在原位开采过程中发挥着重要作用,直接影响载热介质的流动行为和传热效率(对流加热模式),更影响着油气产物的扩散和流动行为,因此,关注油页岩原位开采过程中孔隙结构及渗透性能的演化规律及其机理尤为重要。

本书以油页岩原位注热开采技术为出发点,以抚顺东露天矿和新疆吉木萨尔的油页岩为研究对象,针对该技术所涉及的孔隙结构及渗透特征在温压作用下的演化对油气产出的重要影响,通过实验和理论分析,对油页岩的物性特征、孔隙结构及渗透特征的演化、原位开采的多场耦合机制展开研究,对油页岩孔隙结构及渗透特征的温度响应展开系统分析,以期能为油页岩原位地下开采提供理论支持与技术指导。

本书的出版得到了黑龙江省自然科学基金项目(LH2021E108)的资助。在撰写本书过程中参阅和借鉴了诸多专家的文献,在此对这些文献的作者致以崇高的敬意。感谢太原理工大学杨栋教授在成书过程中给予的支持与帮助。

由于作者水平所限,书中难免存在不足之处,敬请广大读者批评指正。

著　者

2024 年 3 月

目　　录

1 绪 论

1.1 油页岩原位开采技术现状

油页岩地下干馏,又称油页岩原位(原地)开采,是指埋藏于地下的油页岩不经机械开采,其储层经电、流体对流、辐射或燃烧等方式进行高温加热,其中的固体干酪根转换为液态或气态烃,并通过其中的孔隙和裂隙渗透排出,经生产井从地下开采出来收集并分离的方法。原位开采因其可采深度大、采油率高、占地面积少和环保的优点成为开采技术发展的新趋势[1-2],世界各国正纷纷致力于油页岩原位开采的研究及工业化示范研究。油页岩原位开采技术按照加热方式主要有燃烧加热技术、传导加热技术、对流加热技术、辐射加热技术以及局部化学加热技术。

(1)燃烧加热技术

燃烧加热技术通过向地下油页岩储层注入带氧介质,引燃油页岩中有机质使其发生燃烧反应,分解出烃类油气资源并进行采收,主要有 Sinclair 技术和 MIS 技术。

Sinclair 技术,最早于 1953 年由 Sinclair 油气公司提出,该技术通过注热井向油页岩储层注入高压空气并引燃,在缺氧条件下使油页岩储层发生燃烧反应[3]。为增强注热井与生产井之间岩层的连通性,需通过爆破或压裂等方法对待采油页岩储层进行处理。该技术为后续的油页岩原位开采技术的发展奠定了基础。不同于 Sinclair 技术,Equity 技术则是将高压天然气注入油页岩储层,引燃天然气并使储层内有机质发生缺氧燃烧反应[4]。

MIS 技术[5]由 Occidental 油页岩公司于 1972 提出,该技术首先在油页岩矿层开挖部分底板,自底板向矿层通过爆破或水力压裂手段松动矿层,然后注入空气或燃料并引燃来加热油页岩储层。该法工程量较大,且容易破坏隔水层而导致水污染。

(2)传导加热技术

ICP 技术[6],由荷兰皇家壳牌公司提出,该法通过电加热方法开采油页岩。基本工艺为:在油页岩储层布置垂直加热井及生产井,将加热电极通过加热井植入油页岩储层加热,使其中的有机质热解形成油气产物,气液混合产物经生产井采到地面。为防止油气扩散及水污染,采用冷冻墙技术对开采区域进行封闭处理。裂隙的存在使油气产物的回收率得到提高,但该技术消耗电能巨大。

Electrofrac™技术[7],由埃克森美孚公司于 1990 年提出。为提高传热效率,该技术提出对油页岩储层沿层理方向造缝,在压裂裂隙中充填导电材料后通电加热,使油页岩有机质受热分解,从而采出油气资源。导电材料的存在大大提高了传热效率,从而使有机质快速热解。

(3)对流加热技术

对流加热技术通过向待采油页岩储层注入载热气体,使其与油页岩储层产生热交换而加热油页岩储层,将蕴含其中的有机质热解为液态或气态烃类物质,经生产井收集并分离。对流加热技术涉及载热气体的传热效率以及油气产物的输运效率,孔裂隙及其连通性对回采效率影响较大,通常应采取一定的方法来增加油页岩储层的孔隙率与渗透率。

CRUSH 技术[8],由美国雪佛龙能源公司和洛斯阿拉莫斯国家实验室共同提出。其主要工艺为:首先利用爆破技术将油页岩储层破碎,然后向破碎的储层注入载热流体,使储层中的有机质得以热解产生油气,再利用传统油气开采方式将油气采出。该方法大幅改变了储层物性,使油页岩储层的孔隙率和渗透率得到有效提高,从而提高了传热效率和油气传输效率。

CCR™技术[9],由美国页岩油公司提出。这一技术综合利用热传导、热对流和流体回流技术,其工艺原理为:沿储层底部打水平加热井,并对其上方油页岩进行压裂,在其中布置燃烧器加热上方的油页岩储层,使其中的有机质发生热解反应,生成的油气产物在高温下沿裂隙向上运移,实现加热上部油页岩的目的,油气产物降温冷凝后以液态形式向下回流至加热器位置,从而使热量得以循环传递。

油页岩原位注蒸汽开采油气技术[10-11],该技术由太原理工大学提出,其基本原理为:自地面布置群井,利用水力压裂技术增强群井之间的连通性,将高温水蒸气或烃类气体由注热井注入油页岩储层,加热油页岩储层使有机质热解形成油气,通过低温蒸汽或冷凝水携带由生产井排自地面采收,生产期间依据温度变化间隔轮换注热井与生产井。

SCW 技术[12],由吉林大学提出。近临界水具有极强的氧化能力和对有机物广泛的融合能力,该技术以近临界水作为传热及输运载体,利用它对油页岩有机质的物化作用,使干酪根反应生成油气产物,经近临界水生产井带至地面分离。近临界水的特性使油页岩的传热能力提高,使干酪根热解温度降低。

(4)辐射加热技术

LLNL[13]技术,由美国伊利诺伊理工大学首次提出,后由劳伦斯利弗莫尔国家实验室(LLNL)进行开发利用。该技术采用无线射频的方式加热油页岩。

RF/CF[13]技术,由 Hyde Park 公司和 Raytheon 公司共同研发。其主要原理为:通过射频振荡加热油页岩将其中的有机质热解为烃类油气,通过注入超临界二氧化碳将油气产物驱入生产井,在地面将二氧化碳与油气资源进行分离,其中二氧化碳可重新注入循环利用。该技术需要消耗大量的电能以激发射频振荡,生产中能耗过大。

(5)局部化学加热技术

TS 技术,最早由以色列 AST 公司提出,后由吉林大学引进并提出改进型 TS-A 法[14-15]。TS 技术基本原理为:通过加热井向油页岩储层注入高温空气或甲烷,与油页岩发生局部化学反应,从而在井周形成一个柱状微型反应单元,该单元随着有机质的不断分解而逐渐扩大。吉林大学在此基础上经大量研究提出双井和水平井开采模式。局部化学法热解油页岩技术既不是简单的物理加热,也不是完全地下燃烧,而是由局部化学反应触发的一种化学热强化处理的过程。

通过以上分析不难看出,基于各种原理的油页岩原位开采在工艺和技术上均存在油气回收周期较长、耗能较大以及开采区域的地下控制困难的技术难题。整个开采过程的地下部分均需要解决两个问题:① 如何高效加热以热解油页岩;② 如何高效地将油气产物完全带出地面。因各地油页岩的地质历史不同,油页岩的变质程度及有机质的成熟度不同,有机质热解过程与热解温度也各不相同,此外,无机矿物组成的不同亦会影响(催化或抑制)有机质的热解,原位开采应充分考虑油页岩的组成成分以及热解特性。而载热介质的能量传递与油气产物的排出又不可避免地涉及油页岩的孔裂隙结构及渗透特征。原始状态下油页岩储层的孔隙结构与渗透特征通常与其地质历史演化有关,而其在地下原位开采中的演化规律却与温度密切相关,为此需要对温度作用下的油页岩孔隙结构及渗透特征的演化规律进行深入分析。

1.2 油页岩物化特性研究现状

有关油页岩热物理化学基本特性方面的研究较多,围绕油页岩有机质的产出,油页岩原位开采研究中所关注的往往是干酪根的热解特性、干酪根所赋存的无机矿物骨架、油气产物的运移路线,也即孔隙空间结构及渗流通道的演化。

1.2.1 油页岩热解机理研究现状

热解也称裂解或干馏,是利用有机质的热不稳定性,在无氧或缺氧条件下加热有机质至其分解温度,从而产生的复杂的物化反应过程[15-17]。油页岩热解是一个多相态、多阶段并行与串行的反应过程[18],反应过程极其复杂,赋存于无机矿物骨架中的干酪根在温度作用下产生化学键断裂、环开裂等一系列降解反应,产生页岩油气[19],并伴生固态残渣[8,20],热解过程受不同因素的影响较大。

目前,有关油页岩热解特性的研究较为充分,不同学者从多角度对其热解机理进行了分析。通常认为,油页岩有机质的降解可划分为两个阶段:首先是有机质热解为油气产物及沥青中间体;然后是中间体二次热解生成油气产物和半焦[21-22]。目前对油页岩分子结构的研究并不充分,多是从宏观角度对其热解机理进行定性分析。下面对几种主要机理进行说明。

Hubbard 等[23]通过对美国 Colorado 地区油页岩热解特征的大量分析,于 1950 年首次提出油页岩干酪根的热解机理:

$$干酪根 \longrightarrow 沥青 \longrightarrow 油+气+残炭$$

Allred[24]于 1966 年提出的干酪根热解机理:

$$干酪根 \longrightarrow \begin{cases} 沥青 \longrightarrow 油+气 \\ 气 \\ 残炭 \end{cases}$$

Campbell 等[25]于 1980 年对 Colorado 油页岩热解气体进行了非等温速率热解动力学分析,认为干酪根的热解分为三个阶段:

$$干酪根 \xrightarrow{350\sim500\ ℃} \begin{cases} 半焦 \xrightarrow{500\sim650\ ℃} \begin{cases} 半焦 \xrightarrow{650\sim900\ ℃} \begin{cases} 半焦 \\ 气 \end{cases} \\ 气 \end{cases} \\ 油+气+水 \end{cases}$$

此后,因现代分析仪器的快速发展,分析手段更加先进,对油页岩热解机理的研究更加深入而具体。通过热重分析法、质谱法、红外光谱法、XRD(X 射线衍射)分析法等分析手段,学者们围绕热解终温、热解压力、升温速率、颗粒粒径等因素与油页岩热解特性的关系做了大量的研究。结果表明,温度主要从热力学方面影响油页岩的热解,其他因素则通过加快或抑制传质影响最终热解产物的分布[26]。

Hershkowitz 等[27]分析 Colorado 油页岩发现,热解使油页岩中有机质的脂肪族要么降解形成油气,要么芳香化而形成油中的芳烃或留于残炭当中;而芳香族则会裂解形成油或者留于残炭当中。Burnham 等[28-29]在此基础上通过加氢热解实验,认为高压氢气的存在既可抑制热解过程中芳香族碳的生成,也可抑制芳香族油的结焦,使芳香碳在油和炭质残渣之间的分布发生变化。

Na 等[16]在间歇反应器中研究了美国西部油页岩干馏终温对页岩油产量和性能的影响,发现反应温度与页岩油产率呈正相关关系,但在 500 ℃时干馏所得油气产率有所降低,认为存在使油气产量达到最高的最佳干馏温度。

Syed 等[30]采用不同升温速率对油页岩样品进行热解模拟发现,约旦 EI-Lujjin 矿床油页岩的热解可明显分为三个阶段——失水、脱灰和碳化,并对每一阶段进行了动力学参数计算,发现活化能与升温速率间没有必然关系。

Tiwari 等[22]利用热重-质谱联用实验,采用不同升温速率对绿河油页岩进行热解,分析了不同升温速率下各种产物的变化规律,发现随着升温速率的增加,烯烃与烷烃的物质的量之比也随之增加。

Aboulkas 等[31]通过热重分析法测定了油页岩及其干酪根样品在非等温加热条件下的热解特性,发现随升温速率的增加,TG/DTG 曲线均向高温侧移动,最大失重速率对应的温度随升温速率的增加而升高;认为油页岩热解可分为三个主要阶段,其中第二阶段(163~600 ℃)是主要的质量损失阶段,烃类物质大量析出,第三阶段较大的质量损失是无机矿物的分解造成的。

Kök[32]利用差示扫描量热法(DSC)研究了不同来源油页岩的燃烧特性和动力学特征。结果表明,Mengen 油页岩和 Himmetolu 油页岩具有不止一个反应区,即低温氧化区和高温氧化区。样品活化能随油页岩类型和升温速率的不同而变化,范围为 22.4~127.3 kJ/mol。低温氧化区活化能高于高温氧化区活化能的趋势普遍存在。

赵丽梅等[33-34]利用热重分析法对桦甸油页岩的热解特性进行分析,得出了油页岩热解各阶段的温度范围,以及升温速率对各阶段起止温度的影响,给出了中温失重区升温速率与失重起止温度的拟合关系。结果显示最大失重速率及失重峰值温度随升温速率的增加而升高,但最终失重率和各阶段的失重比例受此影响不大。

王擎等[35-36]运用 NMR(核磁共振)分析法、XRD 分析法、热重分析法、红外光谱法与质谱法等多种方法,对桦甸、窑街、龙口等地的多种油页岩在热解及燃烧方面进行了相关实验,发现脂肪烃是油页岩有机质官能团的主要组成部分,官能团活性对油气产物的生成过程起控制作用。Wang 等[37]将分子模拟方法与多种测试技术相结合,通过退火动力学模拟和几何优化计算,确定了干酪根三维模型。王擎等[38]、柏静儒等[39]利用热重-红外-质谱联用实验对轻质气体产物进行了定量分析。Wang 等[40]采用固体 13C 核磁共振和红外光谱曲线拟合分析方法,研究了油页岩和从中分离出的干酪根的化学组成和化学结构,并研究了无机基体去除过程中的变化。结果显示,油页岩中的干酪根主要由脂肪碳(55%)组成,酸处理不仅可降低芳环缩合的程度,而且可减少缩合芳环的数量,从而提高干酪根的生烃能力。

罗万江[41]、Lan 等[42]通过热重、红外实验发现,矿物质的影响使油页岩的最大失重温度高于干酪根,并计算了反应活化能;利用气相色谱仪、微量硫分析仪、气相色谱质谱仪、傅立叶变换红外光谱仪和 X 射线衍射仪,分析了热解温度对油气产物的释放特征以及产量的影响,结果显示,烷烃是页岩油和轻质气体的主要成分,轻质气体主要为 H_2、CO_2、C_2H_4、C_2H_6,在 $475\sim1\,000$ ℃升温过程中,其中 C_2H_4/C_2H_6、C_3H_6/C_3H_8 以及 C_4H_8/C_4H_{10} 的物质的量之比随温度升高而增大,而总的烯烃/烷烃的物质的量之比却增长微弱。

Han 等[43]通过实验考察了桦甸油页岩热解温度、停留时间、颗粒大小以及升温速率对油气产率的影响,发现页岩油产量随着干馏温度的升高而明显增加,主要产出温度在 $415\sim460$ ℃之间,但随着干馏温度的升高,干馏成本会增加,推荐采用 $460\sim490$ ℃的干馏温度。分析发现,温度较低时延长停留时间可显著增加油气产量,但比起过度延长反应时间,提高热解温度更加重要。颗粒过大或过小都容易导致页岩油的二次分解形成气态产物,从而降低页岩油的产量,中等粒度有利于提高页岩油产量。张丽丽[44]利用热重-红外联用实验,分析发现中等粒度($6\sim98$ μm)的油页岩热解有利于油气产物的形成。而于海龙等[45]选取 $75\sim290$ μm 范围内不同粒径的油页岩,通过实验分析得出不同结论:随颗粒粒径的减小,油页岩热解特性趋好。

无机矿物质和有机质结合紧密,一些学者研究认为,油页岩热解过程受无机矿物影响较大。因油页岩矿物组成与含量不同,相关研究中不同学者的解释并不一致:Borrego 等[46]、杨继涛等[47-48]、秦匡宗等[49]的研究显示,油页岩热解的初始失重温度明显高于有机质单独热解时的初始失重温度,无机矿物的影响使有机质热解活化能增加,热稳定性提高,且主要体现在热解初期大分子解聚阶段,他们认为黏土矿物对有机质中的原生沥青的吸附作用导致了这一现象。王擎等[50]通过对桦甸油页岩脱矿物质处理后的热解分析发现,黄铁矿的存在使气体产物释放的初始温度降低,且使生成的气体产量更高;硅铝酸盐的存在使气体产量明显减少,并提高了气体产物释放的初始温度;碳酸盐的存在能增加不凝气产量,使 CO_2 脱出的初始温度更低。盖蓉华等[51-52]分析发现,在 $460\sim580$ ℃范围内,天然黄铁矿可以提高原油产量,但人工添加的黄铁矿会促进挥发分的增加;500 ℃条件下热解油页岩,油气产量因添加黄铁矿而得到提高;在更高温度下添加黄铁矿对产油量影响轻微,但可以提高挥发分产量。Borrego 等[46]的分析结果显示,干酪根热解的最大质量损失率对应的温度要高于油页岩 12 ℃,认为油页岩中的矿物质起到了催化作用。Karabakan 等[53]对两种油页岩分别进行脱碳酸盐和脱硅酸盐处理前后的热解分析,认为碳酸盐中碱性金属阳离子催化热解反应,而硅酸盐抑制热解反应,且硅酸盐的抑制作用大于碳酸盐的催化作用。有关矿物质在油页岩热解反应中所扮演的角色目前并无定论。刘志军等[54]通过岩样超声波波速测试系统对油页岩在温度作用下动弹性模量、动泊松比的变化规律展开分析,发现油页岩力学性能的变化在垂直层理方向上主要由热破裂所致,在平行层理方向主要为热解所致。

1.2.2　温度对油页岩孔隙结构影响研究现状

常温下油页岩多为低孔低渗介质,孔隙结构复杂。目前对油页岩孔隙结构的研究主要集中在油页岩的地质演化过程或储层特征,如孔隙率与有机质含量、成熟度的关系等[55-58]。而油页岩原位开采中孔隙结构变化巨大,在温度、压力以及孔隙压力的作用下,油页岩矿物骨架及有机质经历复杂的物理、化学变化,其孔隙结构更趋复杂化,从而影响传热介质以及产物的输运能力,研究温度作用下油页岩孔隙结构演化对油页岩原位地下开采尤为重要。

基于流体侵入法,Schrodt 等[59]通过 N_2 和 CO_2 等温吸附实验,分别对高温氮气与空气气氛作用下的油页岩半焦孔隙结构进行了分析,发现在氮气气氛下,低温阶段因生成反应中间体对孔隙堵塞而造成孔比表面积减小,当温度较高时孔比表面积急剧增加;而在空气中燃烧会使孔比表面积大幅度减小、中孔体积增大。

韩向新等[60]、Han 等[61]采用 N_2 等温吸附法对不同温度下桦甸油页岩燃烧后的半焦孔隙结构进行测量,发现随油页岩的升温燃烧,孔隙结构变得复杂多形态,孔体积和比表面积呈减小—增大—减小的变化趋势,认为各阶段分别由沥青占位、气体产物膨胀扩张、页岩灰的熔融变形所致,并且颗粒大小和升温速率对油页岩的孔比表面积和体积影响不大。

Sun 等[62]通过 N_2 等温吸附测量,分析了油页岩水热裂解实验中残余样品的孔隙结构。结果表明,孔隙结构的形成和发育大致可分为三个阶段:第一阶段(250~300 ℃),在热解早期,生成的气体填充了原生孔隙;第二阶段(350~375 ℃),大量的液态烃产生,形成次生孔隙;第三阶段(400~500 ℃),产物油裂解产生大量气体,进一步形成次生孔隙;总有机碳对孔隙演化的影响可能与成熟度有关,热解产物的生成与运移所导致的孔隙连通性的变化是孔隙率增加的重要因素,低成熟度沥青质热解产物可能会堵塞孔隙,而高成熟度沥青可能是连通开孔与闭孔的贡献者。

赵丽梅等[34,63]基于 SEM 扫描和低温氮吸附实验,对不同热解终温下桦甸油页岩的半焦的孔隙结构进行测试,结果显示桦甸油页岩等温吸附线属Ⅱ型曲线,孔径分布主要集中在 3~5 nm,400~600 ℃区间孔体积和比表面积大幅增加,600 ℃后因基质松动孔壁坍塌等相关参数回落,分析发现孔隙结构的分形维数在常温和 600 ℃时最小。

Bai 等[64]结合 XRD 分析法、扫描电镜法、低温氮吸附实验、高压压汞法手段,系统分析了桦甸油页岩在 10~800 ℃温度作用下孔隙结构的演化规律。结果显示,温度达到 300 ℃时,油页岩中微孔、中孔和大孔显著发育且表面粗糙不规则,孔隙率和渗透率大幅增加。孔隙结构发育的主要原因是有机质与无机物的热分解和孔隙热变形。对低温氮吸附数据以相对压力 0.5 为界,分别进行分形计算,结果表明,350~500 ℃升温区间孔隙结构变得复杂,分形维数与平均孔径呈良好的线性关系。

Wang 等[65]利用低温氮吸附实验,分析了桦甸油页岩在不同温度下微波热解后的孔隙结构,结果表明,热解终温对比表面积、总孔容和过渡孔的发育影响较大,孔径分布曲线在 2 nm 和 4 nm 附近有两个可见峰。

赵静[66]、Yang 等[67]通过压汞法测试了抚顺油页岩的孔隙结构,结果显示,随温度的升高,油页岩的总孔体积、平均孔径和孔隙率均显著增加;在油页岩加热过程中,中孔体积不断增大,而微孔体积持续减小,分析原因为微孔合并成小孔或中孔,甚至大孔。

耿毅德[68]利用高压压汞实验对温-压耦合条件下热解后的抚顺油页岩孔隙结构进行分析,发现退汞曲线存在滞后效应,高温段盲孔体积增大,滞后效应显著;温度作用使孔径变大;相同孔隙压力下,盲孔总体积随温度的升高而变大;同一温度下随着压力的增大,孔隙体积和裂缝分布均先减小后增大,5 MPa 是其变化的拐点。结合 CT 扫描技术[69],Geng 等发现温度达到 300 ℃时,连通性裂缝出现,并随温度升高沿层理面进一步延伸直到 600 ℃时贯通样品。

基于成像技术,Tiwari 等[70]通过 CT 扫描及三维重建技术,分析了不同热解终温下美国油页岩的孔隙结构演化规律,得到油页岩半焦的孔隙率,并基于三维孔隙网络结构,利用玻尔兹曼方程估算了渗透率。

Saif 等[71]利用 CT 扫描技术,对油页岩热解过程中孔隙和微破裂网络的演化实时成像。结果显示,在 390～400 ℃热解过程中,随着微米级非均质孔隙的形成,孔隙率巨幅增大;随着温度的进一步升高,孔隙稳步扩大,形成了主要沿富干酪根层发育的连通性微裂缝网络,孔隙的发展与有机物的初始空间分布直接相关。

康志勤、赵静等[72-75]利用显微 CT 对不同温度作用下的油页岩试件进行扫描实验,通过对扫描图像的二值化处理,系统分析了孔隙数量、平均孔径、孔隙率、孔隙占有面积随温度的变化规律,发现 300 ℃是各项参数发生突变的温度阈值,基于逾渗理论计算了岩心的逾渗概率,确定了逾渗阈值的存在;通过孔隙连通团分析,在 20～600 ℃升温区间内,分析发现 300～400 ℃温度段孔隙的数量、平均孔径以及孔隙率都急剧增加,到 500 ℃时,各参数均达最大值,认为有机物热解是 300～500 ℃孔隙参数急剧增长的主控因素;通过对扫描结果进行三维重建,从孔隙率、空隙团、分形维数三个方面比较了三维空间中的参数演化规律,说明了层理对油页岩孔隙结构演化的影响作用。

1.2.3　温度与压力对油页岩渗透特性影响研究现状

有关油页岩高温条件下的渗透性研究文献较少,主要集中于太原理工大学的研究团队。该团队利用自主研发的高温三轴渗透实验机进行了大量相关实验,并通过理论分析与数值计算得出了一些有益结论。

赵静[66]通过高温三轴渗透实验,分析了抚顺油页岩在温度与压力作用下的渗透性,发现随温度的升高,油页岩在常温至 200 ℃时不具有渗透性,200～300 ℃具有较低的渗透率且随温度的升高增幅较小,350 ℃渗透率减小,350～600 ℃渗透率持续增长,增幅由小变大再变小;孔隙压力对渗透率的影响主要体现在高温阶段。董付科等[76]通过实验发现,新疆吉木萨尔油页岩的渗透率随孔隙压力变化规律为在 2 MPa 附近存在孔隙压力门槛值,渗透率随温度升高在 350～400 ℃间存在温度门槛值;并依实验结果将渗透率随温度变化规律分为四个阶段:常温至 250 ℃渗透率为 0 或极低;低温段渗透率缓慢增大;中温段渗透率快速升高;高温段渗透率小幅波动。

康志勤等[77]通过理论分析,建立了考虑温度场、应力场、渗流场以及化学反应的油页岩原位注蒸汽开发的固-流-热-化学全耦合数学模型;杨栋等[78]、刘中华等[79]、康志勤等[80]通过对高温高压蒸汽作用下的油页岩进行三轴渗透实验,得出高温热解有利于油页岩裂缝的扩展,从而可提高油页岩的渗透率;渗透系数是体积应力和孔隙压力的函数,其关系服从指数规律。

耿毅德[68]对温度和压力耦合热解后的油页岩渗透率进行测试分析,发现油页岩渗透率随热解温度的升高而呈阶段性增长,在 20～300 ℃渗透率变化微弱,300～400 ℃升温区间渗透率迅速增加,400～600 ℃升温区间渗透率增速减缓。在体积应力作用下,渗透率随体积应力的增大而降低,且温度越高降幅越大。在孔隙压力作用下,低温段(20～300 ℃)渗透率随孔隙压力增大而升高,高温段(400～600 ℃)渗透率随孔隙压力增大而降低,分析认为分别是由于层间水的析出和盲孔高压膨胀挤压孔隙所致。

此外,李强[19]通过三轴压力高温渗透实验,在 130～600 ℃范围内分析了随温度升高渗透率的变化,结果显示,油页岩渗透率在热解过程中呈现先升高后降低再升高的变化过程。并据此将渗透率的变化划分为三个阶段:室温至 250 ℃,水分析出导致油页岩渗透率迅速升高;250～400 ℃,干酪根软化堵塞孔隙和裂隙导致渗透率急剧降低;400～500 ℃,干酪根裂解产生大量孔隙和裂隙使渗透率缓慢增大。赵丽梅[34]模拟原位地层压力,对不同终温干馏后的油页岩进行渗透实验,实验过程采用不同的孔隙压力,结果显示,随温度升高油页岩渗透率以 400 ℃为界呈现先增高后降低的趋势,油页岩渗透率随孔隙压力增大而减小。

1.3　存在的问题与本书研究目标

综合上述研究现状可知,原位热解条件下的油页岩孔隙结构及渗透特征的演化极其复杂,油页岩本身有机质化学结构所决定的热解特性、无机矿物组成所决定的热破裂及分解特性是其内因,而温度、压力、孔隙压力等作用因素则是其外因。虽然国内外许多研究已取得一定的成果,但现有研究对油页岩原位热解工业化的支撑作用显然不足。油页岩原位热解是一个多学科交叉的复杂科学问题,在以下几个方面尚需开展系统研究。

(1)油页岩以及干酪根的热解机理和化学构成方面已有大量研究成果,但利用其解释孔隙结构及渗透性演化方面存在不足,热解过程中油页岩各组成物质与孔隙结构的相互关系有待深入研究。

(2)有关油页岩孔隙结构的微细观结构表征手段趋于多元化与精细化,但因各种测试方法原理不同以及精度方面的限制,研究结果片段化,需要多手段联合使用以在更大尺度范围内完整表征孔隙结构及其演化规律,在实验技术及处理手段上尚需改进。

(3)油页岩渗透能力是原位开采的一个关键指标,因技术限制,多数渗透特征研究为理论上的,实验条件多为高温作用后的,条件不同以及降温过程导致的物性改变难免偏离工程实际。因此,需要对原位热解条件下的孔隙结构及渗透特征进行更深入的研究。

基于上述问题,本书通过理论分析与实验研究,以抚顺东露天矿与新疆吉木萨尔两地油页岩为具体对象,对油页岩在热解过程中孔隙结构及渗透性能的演化规律进行系统的分析与探讨。拟在油页岩矿物组分与热解特性,孔隙结构表征及随温度的变化规律,孔隙连通性的演化规律,渗透性能随温度及孔隙压力的变化规律,原位热解过程中温度、渗流、位移场的分布规律几方面展开研究。

2 油页岩物化特性及热解产物生成规律

油页岩是一种高灰分的含可燃有机质的沉积岩,主要的利用方式为燃烧或热解,其化学反应过程大多发生在油页岩颗粒内部及孔隙中[72],从而导致孔隙结构及渗透性能发生变化。对油页岩原位热解而言,热解过程与孔隙结构的演化相互影响,热解特性及其机理的研究对揭示孔隙结构的演化规律有着重要的指导作用。

有关油页岩的热解特性及机理研究较为充分,大多数的研究认为,油页岩的热解可分为三个阶段[38]。第一阶段主要为水分的析出。第二阶段主要是有机质的分解,并伴随气体和油蒸气的逸出,该阶段前期是干酪根大分子的分解,分解产物一部分以气态物质的形式释放出小分子量的挥发物,另一部分形成稠油中间体;随着温度的上升,这些不稳定的中间体在较高温度下进一步裂解,形成更稳定的中间体和部分气态挥发物。研究发现,第二阶段有机质的两步反应与油页岩的种类有关,如桦甸、茂名、朝鲜和巴基斯坦的油页岩裂解的两步反应并不明显,而约旦、土耳其和摩洛哥的油页岩热解却显示出明显的两步反应。Jaber 等[81]则认为不管热解曲线表现出来的是一步还是两步,干酪根裂解为油、气和半焦产物的过程都是分两步进行的,即干酪根先裂解为热解沥青,热解沥青再进一步裂解生成最终的产物;同时,各反应过程均是在一定的温度区间完成的。第三阶段为无机矿物的分解阶段,油页岩中的黏土矿物及碳酸盐开始分解,产生 H_2O 及 CO_2 气体。目前,对油页岩和干酪根物化特性的研究以及对油页岩热解特性与热解终温、热解压力、升温速率、颗粒粒径等因素的关系研究已取得较大进展,研究手段多采用热重分析法、质谱法、红外光谱法或两种及以上综合方法。但因热解过程的复杂性以及诸多因素的影响作用,有关油页岩的热解特性及机理的研究大多还只是宏观的、半定性的。

油页岩中含有的大量无机矿物质,在地质演化过程中与有机质紧密结合在一起。热解过程中二者互相影响,不同矿物组分对油页岩热解的影响也不同,从而使油页岩的热解过程较有机质单独热解更为复杂。已有文献报道,油页岩矿物组分对热解效率可能起到催化或抑制作用[82],因此,油页岩的热解特性以及进一步的孔隙结构演化研究不能忽视油页岩中矿物组分及其温度响应。矿物成分的分析多用 XRD[83-84],XRD 实质是晶体衍射,是获取油页岩中无机矿物的类型和含量的有效方法。

油页岩的有机质及无机矿物的物化反应,一方面对油页岩原位开采热解温度的确定具有控制作用,另一方面对油页岩中孔隙、裂隙的生成及演化规律有较大影响[85-87],从而影响油页岩热解产物的运移。本章通过对抚顺、新疆两地油页岩进行 X 射线衍射分析及 TG-FTIR-MS 联用分析,研究油页岩热解过程中矿物成分变化及产物生成规律,以作为油页岩孔隙结构演化及流体运移规律分析的基础。

为保证研究结果的可比性与一致性,本书所有实验所用油页岩样品均采自新疆吉木萨尔和抚顺东露天矿两地(图 2-1),且平行实验所用样品均取自同一块体。其中抚顺油页岩采样点距地表 400 m,属始新统计军屯组,陆相湖泊沉积,沉积厚度 70～200 m,呈薄层状产出,深褐色、褐色或淡黑色;新疆油页岩来自吉木萨尔县石长沟矿(山坡露天矿),属二叠统芦草沟组,构造简单,主要为潟湖相沉积,矿体厚度 18.8～63.2 m,矿体形态以纹层、叶理状构造为主,灰黑色或灰色,局部呈透镜状。

(a) 抚顺油页岩   (b) 新疆油页岩

图 2-1 油页岩原样表观

2.1 样品准备及实验方法

2.1.1 样品准备

现场采集油页岩样后及时采用蜡封法密封以防止风化变质。依据国家标准《煤的工业分析方法》(GB/T 212—2008)和《煤中碳和氢的测定方法》(GB 476—2008)分别对油页岩进行工业分析及有机元素分析,测试结果如表 2-1 所示。

表 2-1 油页岩的元素分析和工业分析结果   单位:%

样品	元素分析						工业分析			
	N	C	H	O	H/C	O/C	水分	灰分	挥发分	固定碳
新疆油页岩	1.36	9.27	1.98	8.865	2.56	0.72	5.44	82.25	10.32	1.99
抚顺油页岩	1.91	15.44	2.67	6.624	2.08	0.32	4.68	75.91	17.54	1.87

注:元素分析中,H/C=[12×w(H)]/w(C),O/C=[12×w(O)]/[16×w(C)]。w(*)为元素质量分数。

实验前,将新疆及抚顺油页岩分别破碎至粒径小于 75 μm,加工完成后放入烘干箱烘干。烘干后的样品一部分用于热解特性实验;另一部分放入 SGL-1700 型真空气氛管式炉加温。加热设备如图 2-2 所示,其主要参数如下:最高加热温度 1 650 ℃,连续工作温度≤1 600 ℃,恒温精度±1 ℃,真空度≤50 Pa。设定加温程序,将样品分批加热至目标温度(100 ℃、200 ℃、300 ℃、400 ℃、500 ℃、600 ℃、650 ℃),加热速率为 2 ℃/min,保温 4 h 使其充分受热,用于 XRD 分析,样品升温路线如图 2-3 所示。

2.1.2 X 射线衍射实验

实验采用 TTRⅢ型 X 射线衍射仪进行油页岩 XRD 测试,衍射仪如图 2-4 所示。设备主要参数如下:采用 Cu 靶 Kα 辐射,工作电压 30～45 kV,工作电流 20～100 mA,扫描

图 2-2 SGL-1700 型真空气氛管式炉

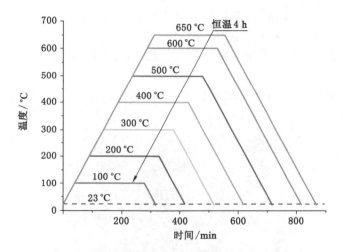

图 2-3 油页岩样品程序控制升温路径

速度 $2°(2\theta)/\min$,采样步宽 $0.02°(2\theta)$。

（a）整体外观   （b）内部结构

图 2-4 TTRⅢ型 X 射线衍射仪

通过 X 射线衍射仪对不同温度作用后的新疆与抚顺油页岩样品进行 XRD 分析,以确定油页岩样品中包含的矿物质。测试依照《沉积岩中黏土矿物和常见非黏土矿物 X 射线衍射分析方法》(SY/T 5163—2018)规定执行。实验条件如下:管压 40 kV、管流 100 mA,扫描速度 2°/min(全岩),扫描范围 2.6°~45°(全岩分析)。

2.1.3 TG-FTIR-MS 联用实验

TG-FTIR-MS 联用实验采用同一样品同步监测,从而可对油页岩从热解到油气生成全过程进行分析,各部分测试相互佐证使测试与结果分析更加可靠。

(1)实验设备

采用热重-红外-质谱(TG-FTIR-MS)联用系统对油页岩热解过程及裂解气体产物进行分析,见图 2-5。该系统由 Setsys Evolution 16/18 型高温热分析仪、Tensor 27 型红外光谱仪和 OMNI star 型质谱仪组成。仪器之间通过加热的石英毛细管连接,以防实验中水蒸气等气体组分冷凝引起实验结果误差。设备主要参数如下:

高温热分析仪测试温度范围:室温至 1 600 ℃,升降温速率:0~100 ℃/min,TG 解析度:0.03 μg,真空度:10^{-4} mbar(1 mbar=10^{2} Pa)。

红外光谱仪的采样参数:分辨率为 4 cm^{-1},扫描次数为 4 次,光谱范围为 8 000~350 cm^{-1},精度为 0.01 cm^{-1}。

质谱仪内置真空系统和四级质谱分析仪,质谱分析在高真空条件下进行,检测范围为 1~300 amu(1 amu≈1.66×10^{-27} kg),毛细管工作温度为 200 ℃。

图 2-5　TG-FTIR-MS 联用系统

(2)实验原理

热重分析(thermogravimetric analysis,TGA)是在程序控温条件下,测量样品的质量与温度或时间的关系的一项技术。油页岩在加热过程中会在某温度发生分解、脱水等物理化学变化而出现质量变化,发生质量变化的温度及质量变化百分数随油页岩的结构及组成不同而异,因而可利用油页岩的热重曲线来分析其热变化过程,如样品有机质的组成、热分解温度、热分解产物和热分解动力学等。热重分析法的重要特点是定量性强,能准确测量物质的质量变化及变化速率。

傅立叶变换红外光谱术(Fourier transform infrared spectroscopy,FTIR)利用红外光谱经傅立叶变换对待测样品分子进行分析与鉴定。每一种物质、结构均有特定的红外光谱特征,用红外光谱法可以根据光谱中吸收峰的位置和形状来推断未知物的结构,依照特征吸收峰的强度来测定混合物中各组分的含量。通过对待测样品进行红外光谱分析,对照标准谱图,可鉴定热解逸出气体产物或者特殊官能团类型。

质谱法(mass spectrometry,MS)即用电场和磁场将运动的离子按它们的质荷比分离后进行检测的方法。待测化合物分子吸收能量后可以被打成离子碎片,而每种物质在特定条件下产生的离子碎片特征都是固定的,将所得谱图与已知谱图对照,就可以对热解气体产物进行定性。

热重-红外-质谱联用分析法可以同时得到 TG、FTIR、MS 图谱,将 TG 的定量分析手段和 FTIR 及 MS 的定性分析功能结为一体,便于深入分析样品分解机理。对于复杂混合物样品体系,将这些常规技术进行联用则是更为有效的检测手段。近年来,该技术广泛用于多个领域的分析与检测[35,82,88]。

(3)实验流程

实验中,将 20 mg 左右的油页岩样品均匀布于热天平坩埚底部,用流量 50 mL/min 的氮气吹扫实验系统,以排除系统中的杂质气体;持续对油页岩样品升温直至 800 ℃,线性加热速率为 10 ℃/min,整个实验过程采用氮气做保护性气体;在高温热分析仪的热分离过程中,样品热解产生的气体通过氮气吹扫被实时输送到傅立叶变换红外光谱仪和质谱仪中,分别进行红外数据采集和质谱检测,实验流程见图 2-6。

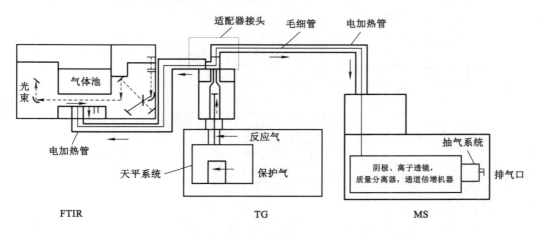

图 2-6　TG-FTIR-MS 联用实验原理

2.2　油页岩矿物成分与温度响应

由于每一种矿物的晶体都具有特定的 X 射线衍射图谱,图谱中的特征峰累计强度与样品中该矿物的含量正相关,因此通过实验测量可以确定油页岩样品的矿物成分,并基于矿物含量与特征峰强度之间的正相关关系,利用油页岩中该矿物的特征峰强度求出该矿物的含量。X 射线衍射作为一种可靠的技术手段被广泛用于矿物和其他晶相的识别与鉴定。本节通过对不同温度作用后的油页岩样品进行 X 射线衍射实验,分析抚顺、新疆油页岩的矿物成分,以及温度对样品中各矿物组成的影响规律,为油页岩热解过程孔隙结构及渗透特征分析提供依据。

2.2.1　油页岩矿物成分分析

常温时抚顺、新疆两地油页岩的矿物组成列于表 2-2。根据 XRD 测试结果，绘制油页岩在 23~650 ℃范围内的 XRD 图谱，见图 2-7 和图 2-8。由表 2-2 数据及图 2-7(a)可知，常温时抚顺油页岩的矿物组分主要为石英和黏土矿物，含少量钠长石、微斜长石、黄铁矿、铁白云石，黏土矿物主要为伊利石、高岭石。而新疆油页岩常温时的矿物组分[表 2-2 和图 2-8(a)]主要为石英、斜长石和白云石，含有少量透长石、方解石、黏土矿物、石膏和黄铁矿，黏土矿物主要成分为伊利石。

表 2-2　油页岩矿物组分含量

样品产地	矿物组分含量/%										
	石英	钠长石	微斜长石	黄铁矿	铁白云石	黏土矿物	透长石	斜长石	方解石	白云石	石膏
抚顺东露天矿	45.2	5.1	4.2	1.0	1.8	42.7					
新疆吉木萨尔	36.1			0.6		5.0	8.2	26.8	3.6	19.0	0.7

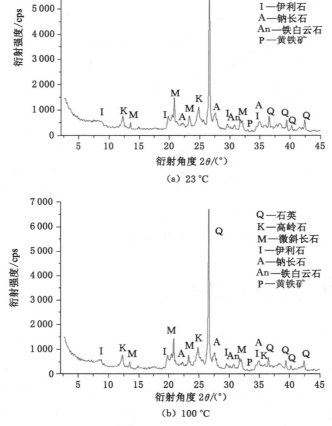

(a) 23 ℃

(b) 100 ℃

图 2-7　温度作用后抚顺油页岩的 XRD 图谱

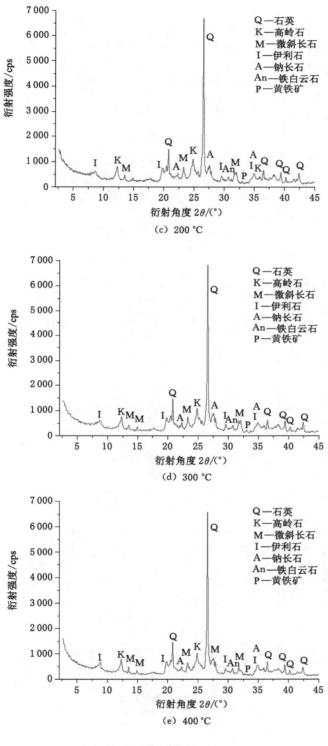

图 2-7(续)

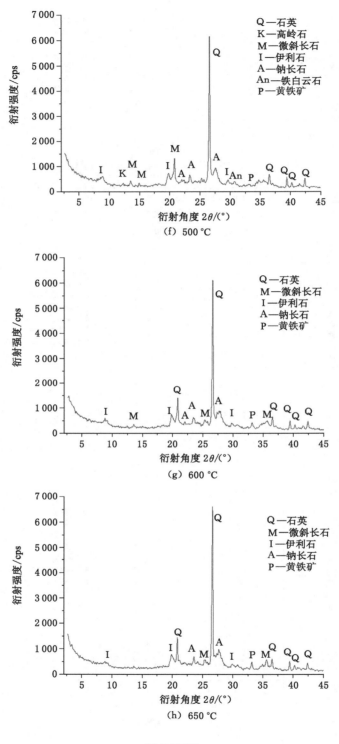

（f）500 ℃

（g）600 ℃

（h）650 ℃

图 2-7（续）

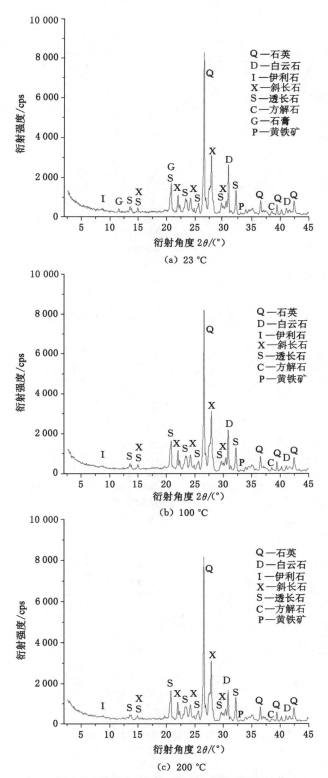

图 2-8　温度作用后新疆油页岩的 XRD 图谱

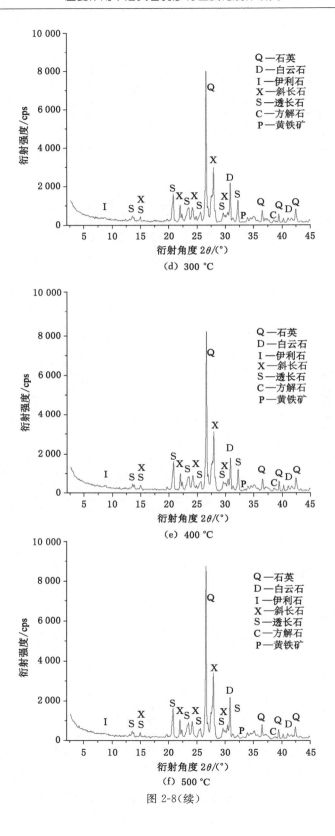

图 2-8(续)

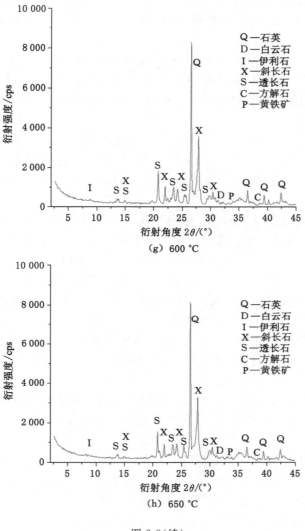

图 2-8（续）

2.2.2   温度对油页岩矿物成分的影响

分析图 2-7 和图 2-8 中 XRD 图谱可知，两种样品的主要矿物成分在 500 ℃前几乎没有发生变化，各物相种类及衍射峰强度变化不大，各温度点的油页岩 XRD 谱图具有相似的衍射峰，这说明样品的主体矿物成分的化学性质在此温度区间比较稳定；温度超过 500 ℃，由于部分矿物分解、相变，XRD 谱图有较大变化。

常温下新疆油页岩有石膏衍射峰（$2\theta = 11.6°$）［图 2-8（a）］，但 100 ℃之后不再出现该峰，这是由于石膏在 100 ℃作用下即发生脱水反应，但因含量甚微，对油页岩孔隙结构演化影响较小。

石英为两种油页岩的主要矿物组分，其衍射峰在 600 ℃前变化较小，600 ℃所测石英衍射峰明显降低［图 2-7（g）、图 2-8（g）］，这是由于石英在 573 ℃发生 α/β 相变，虽在降温后相变恢复，但晶格结构在高温作用下受到损伤，650 ℃时衍射峰有所升高，但仍低于常温时的衍射峰，石英相变膨胀以及晶格受损可能对高温油页岩孔隙结构演化产生较大影响。

高岭石主要存在于抚顺油页岩中，衍射峰（$2\theta=24.86°$）在 500 ℃时消失，而衍射峰（$2\theta=12.32°$）显著降低，这说明高岭石 500 ℃开始部分脱水分解，但到 600 ℃时仍有衍射峰，到 650 ℃时该峰消失，表明高岭石由晶型结构转变为非晶型结构，即由高岭石变为偏高岭石。

XRD 谱图显示白云石（$2\theta=30.9°，41.08°$）的衍射强度变化较大（图 2-8），常温状态下衍射峰最强，200～500 ℃变化不大，尤以 600～650 ℃衍射强度下降剧烈，600 ℃时衍射峰 $2\theta=41.08°$消失，这说明在此温度作用下，白云石部分分解为 $CaCO_3$、$MgCO_3$，进一步反应可生成 CO_2 气体。

铁白云石仅少量存在于抚顺油页岩中，在 600 ℃时衍射峰（$2\theta=30.7°$）降低，650 ℃时衍射峰消失，这是由于在高温作用下铁白云石发生分解，$Ca(Fe,Mg)(CO_3)_2$ 在 650～800 ℃时分解为其他类型碳酸盐（$CaCO_3$、$MgCO_3$）与碳酸亚铁 $FeCO_3$。

各类长石是含 Na、K 和 Ca 的铝硅酸盐矿物，晶体结构较稳定，在 500 ℃前无显著变化。斜长石主要存在于新疆油页岩中，600 ℃时衍射峰（$2\theta=30.46°$）略微降低；微斜长石 500 ℃时衍射峰（$2\theta=31.78°$）消失，650 ℃时衍射峰（$2\theta=13.54°$）几乎消失，但仍有其他特征峰存在；钠长石在 650 ℃时衍射次峰（$2\theta=22°$）消失，说明在 650 ℃温度作用下钠长石开始发生分解相变；透长石 500 ℃时衍射峰（$2\theta=32.24°$）消失，600 ℃时衍射峰（$2\theta=14.96°$）几乎消失。

伊利石衍射峰（$2\theta=8.8°$）在 600～650 ℃时强度明显减弱且峰型趋于平缓，但并未消失，这说明在 600 ℃以上温度作用下伊利石脱水，晶格开始破坏，但其结构没有完全破坏。

黄铁矿 600 ℃时在 $2\theta=33.12°$处衍射峰上升，且到 650 ℃时衍射峰进一步加强，分析原因为铁白云石分解经复杂化学变化部分形成了黄铁矿。两地油页岩均存在少量黄铁矿，黄铁矿的存在可能对油页岩的热解进程产生催化作用[50-52]。

在温度作用下，因各矿物组分膨胀率不同而在矿物颗粒间或颗粒内形成开裂现象，同时热反应引起矿物组成改变，使矿物骨架内形成孔洞，从而对油页岩结构产生影响。

2.3　油页岩热解特性及产物生成规律

本节通过 TG-FTIR-MS 联用实验对新疆和抚顺油页岩的热解特性和产物生成规律进行研究。通过测试 TG/DTG 曲线分析油页岩在不同升温速率下的热解行为，以 FTIR/MS 实验分析油页岩热解轻质气体组成及生成规律。相比采用单一手段，通过 TG-FTIR-MS 联用实验可以更深入地了解油页岩的热解特性及产物生成规律。

2.3.1　热重(TG)分析

图 2-9 和图 2-10（扫描图中二维码获取彩图，下同）分别为抚顺油页岩、新疆油页岩在氮气气氛下的热解 TG/DTG 曲线，描述了两种样品的质量随温度升高的失重情况及失重速率。两地油页岩失重曲线总体上均呈现三个阶段特征。

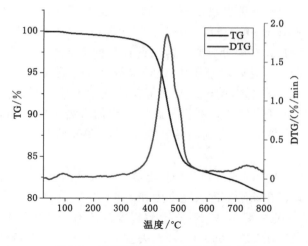

图 2-9　抚顺油页岩热解 TG/DTG 曲线

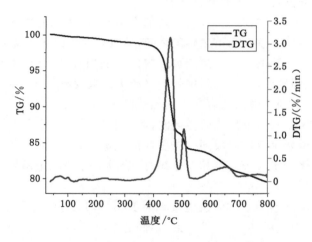

图 2-10　新疆油页岩热解 TG/DTG 曲线

第一阶段:两种油页岩第一失重阶段均出现在 100 ℃左右,为油页岩内部吸附水分的析出及所含矿物质的层间水的脱除。由于样品在测试前已经经过 105 ℃烘干 2 h,故自由湿气的蒸发较微弱,在 TG/DTG 曲线上表现为 DTG 失重峰值较小,TG 曲线的失重台阶较小。其中抚顺油页岩最大失重峰对应 93 ℃,总失重率约 0.2%;新疆油页岩分别在 73 ℃和 100 ℃处出现两个较小的失重峰,总失重率约 0.3%。结合 XRD 分析结果,因新疆油页岩中所含石膏在 100 ℃时即发生脱水反应,失重曲线上的两个失重峰应分别对应水分蒸发与石膏脱水两个不同步但有重叠的反应[89]。

第二阶段:该阶段是油页岩有机质热解的主要阶段,干酪根大分子被分解,一部分以气态物质的形式释放出小分子量的挥发物;另一部分形成一些稠油中间体,随着温度的上升,这些不稳定的中间体进一步裂解,形成更稳定的中间体和部分气态挥发物。抚顺油页岩的第二阶段发生在 350～523 ℃,总失重率为 14.7%,在 457 ℃时出现最大失重速率,整个过程只产生一个明显的失重峰,这说明抚顺油页岩高温作用下热解与二次反应在同一温度区间完成。新疆油页岩第二阶段失重出现在 390～527 ℃,总失重率约 14.5％。在此阶段,新疆油页岩出现了两个明显的失重峰,可细分为两个亚阶段,Ⅰ阶段范围为 390～488 ℃,失重峰位于 458 ℃处,失重率约 12.2％,分析原因为油页岩有机质剧烈的化学反应所引起,油页岩裂解产生的气体大量析出。Ⅱ阶段范围为 488～527 ℃,失重峰位于 506 ℃处,失重率约 2.3％,该峰表明在 506 ℃左右油页岩又发生了新的化学反应,分析为Ⅰ阶段裂解产物的二次反应,为质量较大的烃类化合物的热分解。两地油页岩在第二阶段的失重率相差不大,但抚顺油页岩含大量黏土,其中的高岭石在 500 ℃即开始脱水分解,贡献了一部分失重量[90]。

第三阶段:该阶段主要为碳酸盐和部分黏土等无机成分的分解,或有机环状分子进一步的开裂降解。抚顺油页岩在该阶段的失重发生在 600～795 ℃区间,失重率为 1.3％,失重峰位于 740 ℃处,该部分失重主要是铁白云石分解以及高岭石结构水脱除所造成的。新疆油页岩在该阶段的失重发生在 560～690 ℃区间,失重率为 2.9％,失重峰位于 658 ℃处。结合 XRD 矿物成分分析可判断,新疆油页岩在此阶段失重主要是白云石等碳酸盐矿物分解所造成的,另外可能与稠环芳烃的环开裂降解有关。

综上,油页岩在整个热解过程中,首先是内部自由水、吸附水的析出和一些内部结构中吸附的气体的脱附。在第一阶段和第二阶段之间,油页岩 TG 曲线平缓失重,主要是微量矿物结合水的分解逸出所导致的。其次是油页岩内部干酪根分解,产生不稳定的中间产物和气态产物;伴随着加热温度的逐渐升高,中间产物产生二次裂解并释放出一些气态产物。因干酪根聚合物的差异,不同产地油页岩产生剧烈热解的温度区间有所差别。新疆油页岩有较为明显的热解反应和二次裂解反应温度区间;而抚顺油页岩并无明显界限,可认为主要有机物经一次反应完成或两个反应阶段同一温度区间完成。最后,油页岩在更高温度下一些碳酸盐和黏土类矿物等无机成分发生相变分解,此阶段的分解起止温度主要与无机物组成有关。

抚顺油页岩到热解终温 800 ℃时总失重率为 19.3％,TG/DTG 曲线第二阶段温度起始点较文献[66]偏高;而与文献[91-93]相一致,不同之处在于本次样品第三阶段所处温度偏低,可能由升温速率不同所致。新疆油页岩到 800 ℃时总失重率为 20.4％,TG/DTG 曲线与文献[94-95]相一致。

2.3.2 质谱(MS)分析

一般而言,油页岩热解的化学反应过程是油页岩干酪根的支链断裂、苯环之间的醚键或碳碳单键等桥键的断裂以及稠环的环开裂和降解等过程,随着官能团的裂解,油母大分子降解为低沸点的小分子,并在反应温度下以气体的形式析出。且随温度升高,产物特征发生变化,这些气态化合物可以通过质谱以及红外光谱进行检测。

以下通过固定质荷比气体碎片在不同温度下的离子流强度表征温度作用下气体的析出规律,离子流强度变化规律体现了对应气体及离子碎片的析出浓度。图 2-11 至图 2-15 为抚顺油页岩、新疆油页岩在热解过程中主要轻质气体 $H_2(m/z=2)$、$H_2O(m/z=18)$、CH_4($m/z=15,16$)、$CO_2(m/z=44)$ 以及轻质烃 C_nH_m(除 CH_4 外 C 原子数小于 4 的碳氢化合物及碎片)的质谱曲线图。

(1) H_2 析出规律分析

由图 2-11 可知,热解过程中抚顺油页岩 H_2 的主要析出阶段为 410~550 ℃ 区间,峰值位于 492 ℃ 处,H_2 主要来自富含氢的基质降解和裂解的自由基缩聚。而新疆油页岩 H_2 的析出则显著地分为两个阶段,第一阶段为 400~545 ℃ 温度区间,区间内分别在 477 ℃ 和 515 ℃ 处出现一主一次两个强度峰;第二阶段为 545 ℃ 直到 800 ℃ 热解终温,H_2 的离子流强度持续增大,此阶段的 H_2 来自凝结的芳香和芳香族结构或杂环化合物的分解。

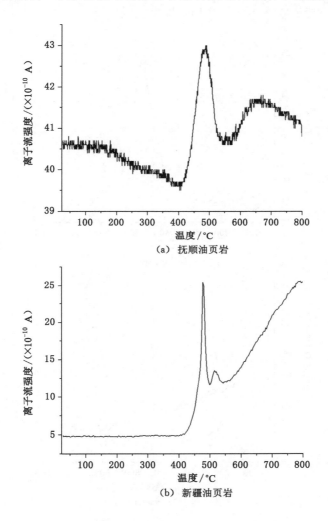

图 2-11 油页岩热解过程中 H_2 质谱曲线图

H_2 产生的温度与热重失重温度相吻合,这进一步说明在该处油页岩先发生小分子的裂解和缩合,释放出 H_2,随着温度的升高,环状分子等进一步反应,释放出 H_2,或经反应 $H_2O + CO \longrightarrow CO_2 + H_2$ 释放 H_2。

(2)H_2O 析出规律分析

如图 2-12 所示,抚顺和新疆两地油页岩热解过程中 H_2O 的析出特征均呈现显著的阶段性。抚顺油页岩第一阶段水分的析出发生在 83~140 ℃ 温度区间,峰值位于 117 ℃ 处,主要来自样品中的孔隙水;大量的水分析出则发生在340～625 ℃温度区间,且析出峰较宽,这是由于各种含氧组分的分解以及油页岩中的酚羟基或者其他的化学结合水(如黏土矿物)受热分解产生 H_2O,此阶段的反应剧烈且复杂。新疆油页岩则以第一阶段析出水较为显著,温度区间与抚顺油页岩相差不多;第二个析出峰出现在410～500 ℃区间,峰值较小。新疆、抚顺油页岩热解析出 H_2O 特点不同是两地油页岩的矿物组成及干酪根特征不同所导致的,如新疆油页岩所含石膏矿物在 100 ℃作用下即发生脱水反应。

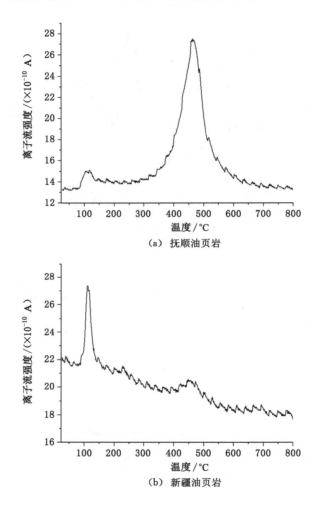

(a) 抚顺油页岩

(b) 新疆油页岩

图 2-12 油页岩热解过程中 H_2O 质谱曲线图

(3)CH_4 析出规律分析

如图 2-13 所示,抚顺油页岩热解过程中 CH_4 在 370～650 ℃温度区间析出,峰值位于490 ℃处,峰的宽度较大,CH_4 来自脂肪烃的 C—C 断裂。新疆油页岩的 CH_4 析出则出现了两个峰值区间,第一阶段发生在 400～573 ℃温度区间,对应热重曲线,区间内分别在480 ℃和 515 ℃处出现两个峰值点。第二阶段发生在 570～710 ℃温度区间,峰值点对应温度为 671 ℃,此阶段 CH_4 气体来自芳甲基或芳烷基之间的键断裂。造成此结果的原因,一为新疆油页岩有机质组成复杂,不同有机质分解温度不同,二为所含有机质结构复杂,热解过程中需要经过不同温度分步分解。这说明新疆、抚顺两地油页岩有机质组成不同,对应的产物生成温度也不尽相同。

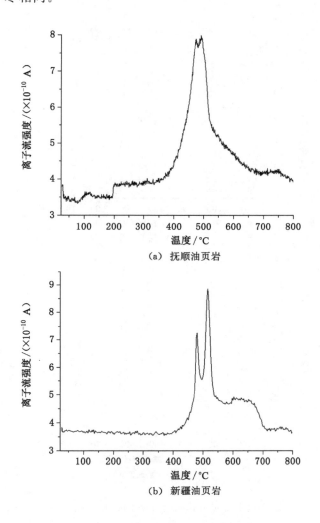

(a) 抚顺油页岩

(b) 新疆油页岩

图 2-13　油页岩热解过程中 CH_4 质谱曲线图

(4) CO_2 析出规律分析

如图 2-14 所示,新疆油页岩热解析出 CO_2 的过程表现为两个阶段,第一阶段位于 454~550 ℃温度区间,区间内在 513 ℃处出现显著的峰值,另在 477 ℃处有一微弱的峰值,在 477 ℃附近的强度峰是油页岩中的脂肪族和芳香族羧基组分分解引起的,随温度升高,更稳定的醚结构和油页岩中含氧羰基官能团断裂,除了一部分以 CO 的形式逸出外,还有一部分与氧原子结合为 CO_2,从而在 513 ℃处产生了第二个析出峰。第二阶段出现在 550~715 ℃温度区间,峰宽较大,CO_2 主要由碳酸盐矿物质分解生成,这也与 XRD 分析结果一致。抚顺油页岩在整个热解过程中 CO_2 的析出集中在 400~550 ℃温度区间,区间内在 474 ℃和 492 ℃处出现毗邻的两个峰值,析出原因同新疆油页岩第一阶段,这也一定程度说明了抚顺油页岩第二阶段的热解不是一步完成的,而是热解与二次反应在同一温度区间完成的。因抚顺油页岩所含碳酸盐矿物较少,在更高温度下并没有显著的析出峰。

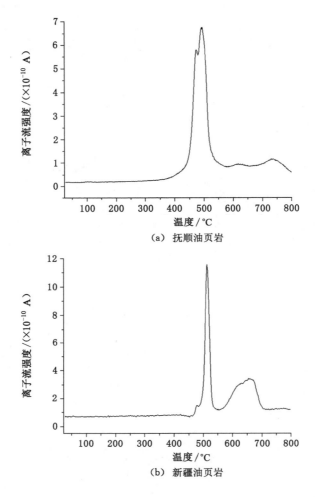

（a）抚顺油页岩

（b）新疆油页岩

图 2-14　油页岩热解过程中 CO_2 质谱曲线图

（5）C_nH_m 析出规律分析

烃类物质是油页岩热解的主要产物,油页岩热解析出烃类物质(C_nH_m)规律如图 2-15 所示,两地油页岩曲线形态差异显著。抚顺油页岩烃类有机物在 350～650 ℃温度范围内均有析出,析出范围较广,到 473 ℃达到峰值。新疆油页岩在整个热解过程中 C_nH_m 的析出只在 400～542 ℃区间出现一个明显的强度峰,宽度较小,峰值位于 477 ℃处(对应 CH_4 的第一个析出峰)。542 ℃之后,离子流强度明显高于峰值前的数值,这说明有少量 C_nH_m 轻质气体持续析出。

另外,质谱分析发现,新疆油页岩在 550 ℃以后,无论是 CH_4 还是 C_nH_m 均呈持续缓慢释放的趋势,这说明在该温度条件下,新疆油页岩中还有有机质在持续裂解;相对地,抚顺油页岩在 550 ℃之后 CH_4 和 C_nH_m 则已经基本无释放,这说明抚顺油页岩在该温度条件下已

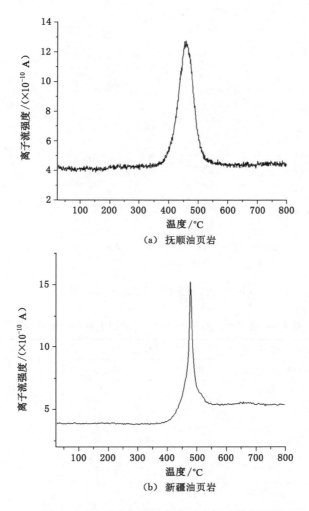

（a）抚顺油页岩

（b）新疆油页岩

图 2-15　油页岩热解过程中 $C_n H_m$ 质谱曲线图

经基本裂解完全或残留固定碳已全部碳化。以上结果说明,新疆油页岩的变质程度可能高于抚顺油页岩。

以上质谱分析结果与油页岩热重分析中的失重规律、XRD 分析矿物组成及与温度的关系分析结果具有较高的一致性。

2.3.3　红外光谱(FTIR)分析

（1）抚顺油页岩 FTIR 特征与分析

如图 2-16 所示,对不同温度下键或官能团的振动模式所对应的吸光度与波数建立坐标,建立坐标时应考虑气体从热重炉到红外气体池的滞后时间。结合三维 FTIR 图,可以识别气体产物的特征峰,也可观测随温度变化特征峰的变化规律。

根据不同气体产物的 FTIR 吸收峰特性谱,结合有关文献的油页岩气体产物红外分析及分峰技术[96-97],确定气态产物中一些气体和官能团的特征吸收波峰归属,如表 2-3 所列。

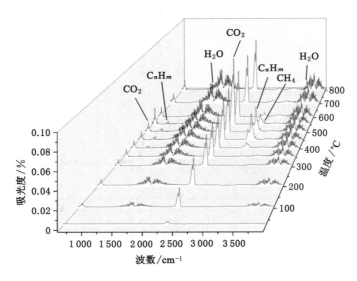

图 2-16　抚顺油页岩热解过程气体产物红外光谱图

表 2-3　油页岩热解气体产物 FTIR 图主要吸收峰归属

气体产物	峰位区间 /cm^{-1}	吸收峰位/cm^{-1}		官能团归属	振动形式
		抚顺油页岩	新疆油页岩		
CH_4	3 000～3 024	3 017	3 012	C—H	伸缩振动
CO_2	600～725 2 240～2 400	669 2 361	669 2 360	C＝O	伸缩振动
H_2O	4 000～3 500 1 900～1 300	3 648,3 735 1 508	3 638,3 735 1 508	O—H	伸缩振动
C_nH_m	3 000～2 800 880～980	2 930,2 860 930,966	2 929,2 858	C—H	伸缩振动

　　结合图 2-16 及表 2-3 可知,抚顺油页岩热解产物主要含 CH_4、CO_2、H_2O 以及脂肪烃类化合物。350 ℃ 以前,红外光谱图中在 2 361 cm^{-1}、669 cm^{-1} 处出现的吸收峰是 CO_2 的 C＝O 键伸缩振动引起的,而 3 735 cm^{-1}、1 508 cm^{-1} 处出现的吸收峰则是 H_2O 的 O—H 键伸缩振动引起的,且强度均较低,此阶段主要是油页岩中吸附气体的析出,基本没有其他气体产物生成,文献[44]认为,羧基、醛类等的热解是此阶段 CO_2 产生的主要原因。350 ℃ 时,880～980 cm^{-1} 波段先出现了脂肪族化合物的 C—H 伸缩振动,油页岩有机质开始分解。到 400 ℃ 时,2 930 cm^{-1}、2 860 cm^{-1} 处分别出现了较为显著的吸收峰,这是脂肪烃 CH_2 的对称振动与非对称振动引起的;同时,在 3 017 cm^{-1} 处有微弱的 CH_4 特征峰出现,主要由脂肪侧链断裂而生成。450 ℃ 时,脂肪烃类气体大量析出,脂肪烃主要来源于油页岩中芳环的脂肪侧链断裂。随着温度的升高,到 550 ℃ 时,脂肪烃类物质析出量逐渐减少。600 ℃ 以后,红外光谱显示逸出的气体为少量 CO_2,此阶段 CO_2 的释放主要归因于有机物的羰基和羧基的分解和重组,以及无机碳酸盐的分解。

不同温度条件下抚顺油页岩的 FTIR 图进一步表明,在 100 ℃前,热解产物仅为 H_2O 和 CO_2(CO_2 含量较低,可能来自空气);而 400 ℃后才开始出现脂肪烃的特征峰,且随着温度的升高,脂肪烃的相对含量逐渐增大,直至 500 ℃后脂肪烃的含量减小,至 600 ℃后,脂肪烃含量几乎为零;600 ℃后产物主要为 CO_2 和 H_2O。以上结果进一步佐证了 MS 和 TG/DTG 的分析结果,即抚顺油页岩有机质的主要裂解温度范围为 400~600 ℃,600 ℃后的失重为无机盐类的分解。

(2)新疆油页岩 FTIR 特征与分析

图 2-17 为新疆油页岩热解过程气体产物的红外光谱图,由图可知新疆油页岩热解气体产物的红外光谱与抚顺油页岩较为相似。不同于抚顺油页岩,整个热解过程新疆油页岩在 880~980 cm^{-1} 波段并未检出强度峰,这说明新疆油页岩有机质的化学组成不同于抚顺油页岩。在 23~400 ℃区间,红外光谱检测气体中仅含 CO_2 和 H_2O;450 ℃时,2 929 cm^{-1}、2 858 cm^{-1} 处分别出现了较为显著的吸收峰,脂肪烃类气体大量析出;500 ℃时,C_nH_m 强度峰大幅降低,而 H_2O 与 CO_2 强度峰则达到了整个热解区间的最大值,体现了新疆油页岩明显的阶段性热解特性,550 ℃时各峰值均有所下降;600 ℃时的 H_2O 与 CO_2 强度峰达到升温区间的第二个峰值,主要为油页岩中白云石、方解石等碳酸盐矿物分解产生气体;600 ℃后红外光谱图中以 H_2O 与 CO_2 的特征谱为主。

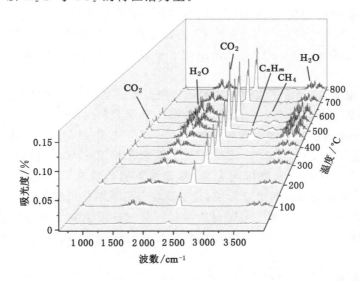

图 2-17 新疆油页岩热解过程气体产物红外光谱图

新疆油页岩的 FTIR 图表明,100 ℃前热解产物仅为少量 H_2O 和 CO_2,400 ℃开始出现脂肪烃的特征峰,450 ℃时特征峰达到最大值,至 600 ℃后产物主要为 CO_2 和 H_2O。这与 MS 和 TG/DTG 的分析结果相一致。

以上红外实验结果与热重、质谱实验结果具有较高的一致性。分析发现,有机质热解过程中 H_2O 与 CO_2 的析出滞后于烃类气体,这是由于油页岩裂解过程与干酪根结构直接相关,干酪根由不同芳化度的稠环芳烃构成,并以碳碳、醚氧等桥键相连,同时存在大量的支链结构。因稠环芳烃的构成不同,键能有差异,其裂解温度不一致。结构越稳定,需要的活化能越大,裂解温度就越高。需要指出的是,H_2 作为同核双原子分子,振动与转动时偶极矩不发生变化,一直为零,故 H_2 在红外光谱图中没有吸收峰[98],但这并不意味着产物中没有 H_2 析出。另外,两地油页岩 500 ℃后在 3 255 cm^{-1} 处均有强度较低而峰宽较大的强度峰,这可能是醇酚类物质缔合时 O—H 键的伸缩振动引起的。实验中,油页岩有机质达到热解温度时,在较短时间内有大量化合物发生复杂的化学反应,部分产物具有类似的 FTIR 图,所以除以上几种具有显著吸收峰特征的气体,气体产物中更复杂的有机化合物特征谱并不显著。

2.4 本章小结

本章通过 X 射线衍射与 TG-FTIR-MS 联用技术,分析了抚顺和新疆两地油页岩的组分及其随温度的变化规律,以及油页岩热解特性和产物生成规律,探讨了油页岩的热解机理,得到以下几点主要结论:

(1)通过 X 射线衍射实验,分析了新疆、抚顺两地油页岩无机矿物物性特征随温度的变化规律,得到了不同温度作用后油页岩主要矿物成分的变化特征。两地油页岩 500 ℃之前矿物成分变化微弱,其中新疆油页岩在 100 ℃时发生石膏脱水分解;500 ℃时,长石、白云石、方解石等陆续分解,衍射峰消失或降低;石英在 573 ℃发生相变,对其晶格结构产生一定损伤;抚顺油页岩中含大量高岭石及伊利石,高岭石在 500 ℃时开始失水形成偏高岭石直至 650 ℃衍射峰消失,伊利石从 600 ℃开始结构水分解。温度对无机矿物结构有一定的损伤作用。

(2)通过热重实验,分析了实验样品的质量随温度升高而产生的损失量及其损失速率,结果显示油页岩失重曲线呈现三个阶段特征:第一阶段出现在 100 ℃左右,为油页岩内部吸附水的析出,其中新疆油页岩因石膏脱水贡献了一部分失重量。第二阶段是有机质分解的主要阶段,抚顺油页岩发生在 350～523 ℃,总失重率为 14.7%,整个过程只产生一个失重峰值,热解与二次反应在同一温度区间完成;新疆油页岩出现在 390～527 ℃,总失重率约 14.5%,阶段内可显著地分为两个亚阶段,是油页岩有机质结构组成及热解二次反应所造成的;抚顺油页岩高岭石脱水贡献了一部分失重量。第三阶段主要为碳酸盐和部分黏土等主要无机成分的分解,失重率较小。各阶段的失重起止温度主要与无机矿物组成及有机质结构组成有关。

(3)通过对热解气体产物的质谱与红外光谱分析,确定油页岩热解气体产物主要包含 H_2、H_2O、CH_4、CO_2 以及轻质烃 C_nH_m。各阶段产物及其与温度的关系与油页岩干酪根变质程度、无机矿物组成密切相关,其中,H_2、CH_4 及 C_nH_m 的析出主要由有机质热解产生,H_2O 与 CO_2 的产生则与有机质热解、碳酸盐类矿物分解有关,其中 H_2O 在低温段的析出还与矿物吸附水相关。此外,新疆油页岩第三阶段的热重反应包含有机质的降解反应,这说明新疆油页岩变质程度较高,所含的部分稠环热裂解需要更高的温度。

3　温度影响下油页岩孔隙结构微细观表征

第 2 章分析了抚顺及新疆油页岩在温度作用下的热解特性及矿物成分变化。而有机质热解、无机矿物反应及温度作用下油页岩矿物组成和热应力不均是促进油页岩孔裂隙形成与发展的关键因素。油页岩在温度作用下发生复杂而剧烈的热解反应，伴随着有机质的分解析出，包含于无机矿物骨架中的孔隙结构也相应变化。油页岩的孔隙结构复杂且具有非均质的特性，它的形貌变化与热解过程的相关化学反应和矿物颗粒的热应力属性有关，而且还会影响化学反应与气体的运移过程。其中，比表面积和结构对热解反应活性的影响[99-101]、孔隙结构演化对传热效率及产物运移的影响[102]，对油页岩原位地下开采尤为重要。

油页岩原位地下开采过程中，油气产物的输运轨迹可理解为孔隙—裂隙—生产管道—地面。孔裂隙结构是油页岩的一个重要特征，直接影响原位转化时油页岩内的油气扩散与渗透性能。一些学者基于 CT 技术结合三维重建手段，研究了微米尺度孔裂隙连通团结构[75]、热失重与孔裂隙变化的一致性[71]，以及渗透率模拟计算[66]。Yang 等[67]利用高压压汞实验对热解过程中孔裂隙结构进行了定量表征。而在更小尺度上，文献[61-62,65]利用低温氮吸附实验分别分析了蒸馏与微波加热条件下温度对油页岩孔隙结构的影响。Han 等[61]、Sun 等[62]分析认为，温度使有机质软化或碳化而导致气孔堵塞，从而对孔隙结构参数产生影响。Wang 等[65]认为热解产物产生与运移所引起的孔隙连通是孔隙率增加的重要因素。因各种测试方法的有效范围及测试原理并不相同，而温度作用下油页岩孔径由纳米级到微米级均有分布，跨度极大，采用单一手段很难全面展现整个孔裂隙空间的分布规律。为此，Bai 等[64]、Geng 等[69]和 Liu 等[103]联合高压压汞与 CT 或低温氮吸附等测试手段，分析了油页岩的热解特性和孔裂隙结构。以上成果促进了人们对油页岩孔裂隙分布规律的认识，但关于油页岩孔隙结构的多尺度表征研究仍不充分。

基于以上考虑，本章结合低温氮吸附及高压压汞测试手段，分析研究不同热解终温作用后抚顺和新疆两地的油页岩孔隙结构演化规律，尤其是孔隙率、孔径分布、孔隙形态的变化规律，同时结合两种测试结果对孔径分布进行联合分析，以期为油页岩储层的孔隙结构演化规律提供更加全面的定量表征，为原位开采如何提高采收率提供基础理论支持。

研究孔隙结构必然涉及孔隙大小的分级，本书孔隙结构类型采用霍多特的方案，孔隙划分为微孔（孔径＜10 nm）、小孔（或称过渡孔，10 nm≤孔径＜100 nm）、中孔（100 nm≤孔径＜1 000 nm）和大孔（孔径≥1 000 nm）。

3.1 实验样品与实验原理

3.1.1 样品准备与实验设备

（1）样品准备

样品来源同第2章所述。实验前，将新疆及抚顺油页岩分别加工成边长为2 cm左右的立方体试件（用于高压压汞实验），以及粒径低于200目的粉末（用于低温氮吸附实验）。采用 SGL-1700 型真空气氛管式炉加温，按设定梯度分批加热至目标温度（100 ℃，200 ℃，300 ℃，400 ℃，500 ℃，600 ℃，650 ℃），升温路线同2.1节，图3-1与图3-2为不同温度处理后的样品。

(a) 650 ℃　　　(b) 600 ℃　　　(c) 500 ℃　　　(d) 400 ℃

(e) 300 ℃　　　(f) 200 ℃　　　(g) 100 ℃　　　(h) 23 ℃

图 3-1　抚顺油页岩样品

(a) 650 ℃　　　(b) 600 ℃　　　(c) 500 ℃　　　(d) 400 ℃

(e) 300 ℃　　　(f) 200 ℃　　　(g) 100 ℃　　　(h) 23 ℃

图 3-2　新疆油页岩样品

（2）实验设备

低温氮吸附实验可定量测试油页岩微孔及过渡孔的孔隙结构参数。实验所用仪器为

3H-2000PS2 型比表面及孔径分析仪,设备如图 3-3 所示。设备主要参数如下:比表面积测试精度为 0.01 m²/g,孔径测试范围为 0.35～400 nm,极限真空达 10^{-2} Pa。

高压压汞实验所用仪器为 AutoPore Ⅳ 9500 型全自动孔径分布压汞仪,见图 3-4。压汞仪压力范围为 0.43～60 000 psi(1 psi＝6 894.757 Pa),测量孔径范围为 3 nm～360 μm。膨胀计进-退汞体积精度小于 0.1 μL,分析天平精度等级 0.001 g;通过计算机控制并采集数据。实验采用的汞用分析纯级,接触角 130°。

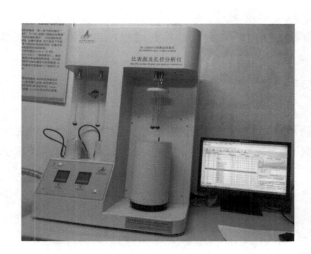

图 3-3　3H-2000PS2 型比表面
及孔径分析仪

图 3-4　AutoPore Ⅳ 9500 型全自动
孔径分布压汞仪

3.1.2　低温氮吸附实验

(1) 实验原理

低温氮吸附法测试原理:样品表面存在剩余的表面自由能,当气体分子与样品表面接触时,气体分子被吸附,若气体分子足以克服样品表面自由能则发生脱附现象。在固定条件下,吸、脱附速率相等时达到吸附平衡。氮气在样品表面的吸附量取决于氮气的相对压力,当 p/p_0 在 0.05～0.35 之间时,吸附量与相对压力的关系符合 BET 方程,这也是低温氮吸附法测定材料比表面积的依据;当 $p/p_0 \geqslant 0.40$ 时,氮气开始在微孔中凝聚,利用 BJH 理论模型可以计算得出孔体积、孔径分布等相关参数。

基于 BET 方程计算的样品吸附量为:

$$V = \frac{V_m C p}{(p_0 - p)[1 + (C-1)p/p_0]} \tag{3-1}$$

式中　V——吸附量,cm³/g;

　　　V_m——单分子层吸附量,cm³/g;

　　　p_0——饱和蒸汽压力,Pa;

　　　p——绝对压力,Pa;

C——吸附热常量。

BJH 模型是最常用的计算多孔材料孔径分布的模型。该模型基于圆筒形孔的假设,将物理吸附和毛细管凝聚相结合,可直接由等温线计算孔径分布。

（2）实验方法及条件

实验执行标准《岩石比表面积和孔径分布测定 静态吸附容量法》（SY/T 6154—2019）。将不同加热温度作用下的新疆、抚顺油页岩烘干,取样 2～3 g。测试前先将样品在 105 ℃ 条件下真空脱气处理;然后将样品管置于液氮范围下,按预设分压点逐次通入氮气使样品达到吸附平衡,利用气体状态方程求得各分压点的吸附量,脱附时逐次抽出氮气进行处理;根据相对压力与吸附量的关系得到吸附-脱附等温吸附线。实验过程通过程序进行监控、处理和计算,获得相关孔隙参数。

3.1.3　高压压汞实验

（1）实验原理

压汞法的基本原理:汞液属于非浸润液体,只有在外力作用下才能挤入多孔介质的毛细孔,即汞压力与汞液能进入的孔隙半径具有对应关系。假设孔隙形状为圆柱形,则注汞压力与孔径间满足 Washburn 方程:

$$p = -2\sigma\cos\theta/r \qquad (3-2)$$

式中　p——注汞压力,MPa;

　　　r——压力 p 下汞液可进入的最小孔隙半径,μm;

　　　θ——汞对测试多孔材料的浸润角,(°),本实验取 130°;

　　　σ——汞的表面张力,取 0.485 N/m。

经过计算可得:

$$D = 2r = -4\sigma\cos\theta/p = 1.247/p \qquad (3-3)$$

式中　D——压力 p 下汞液可进入的孔直径,μm。

（2）实验方法及条件

实验执行标准《压汞法和气体吸附法测定固体材料孔径分布和孔隙度 第 1 部分:压汞法》（GB/T 21650.1—2008）。实验操作步骤:对样品进行干燥处理并称重,放入膨胀计中抽真空并导入汞液;依次增加注汞压力以使汞液进入油页岩孔隙中,并记录进汞量;达到最大压力时逐次退汞。通过软件自动记录并计算,绘制压汞曲线、孔径分布曲线,获得孔隙率、中值半径等相关参数。测试最大压力为 413 MPa。

3.2　基于低温氮吸附的油页岩孔隙结构表征

低温氮吸附法主要用于分析油页岩中的微孔及过渡孔。本节通过对新疆、抚顺两地油页岩的吸附孔孔隙结构进行定量表征,研究温度作用下孔隙结构的演化规律。

3.2.1　油页岩低温氮吸脱附等温线特征分析

按照国际纯粹与应用化学联合会（IUPAC）等温线分类标准,将吸附等温线分为 6 种类型,如图 3-5 所示。类型Ⅰ是外表面较小的微孔材料的吸附情况,表现为相对压力较低时吸附量快速增长;类型Ⅱ与类型Ⅲ一般由无孔或宏孔材料产生;类型Ⅳ的典型特征是吸脱附分支分离,由介孔材料产生;类型Ⅴ源于微孔和介孔材料的弱气-固相互作用,该型并不多见;类型Ⅵ呈台阶状吸附,为均匀的非多孔吸附剂上的多层吸附。

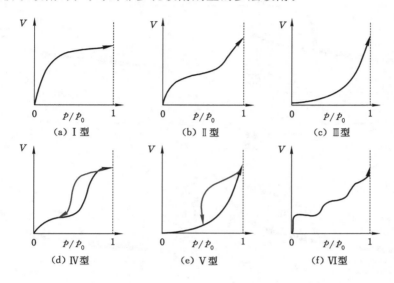

图 3-5　吸附等温线类型

图 3-6 和图 3-7 分别为新疆和抚顺油页岩的吸脱附等温线。对比吸附等温线分类标准可以看出,两地油页岩在不同温度作用后,样品在吸附量上差异较大,吸脱附曲线也不相同。吸附曲线的低相对压力段(p/p_0:0~0.4)上升缓慢,该阶段是单分子层向多分子层吸附的过渡阶段。在相对压力 p/p_0<0.15 区间(对应 2 nm 以下微孔),抚顺油页岩吸附量随着热解终温升高,在低温区间相对稳定,自 300 ℃开始随相对压力增大急剧增加(典型的Ⅰ型吸附等温线),这是微孔存在的一个指标;到 500 ℃时吸附量达到最大值,其后随温度升高略有降低;整个升温区间内等温线并没有严格地落在 IUPAC 分类组内,吸附等温线是Ⅰ型和Ⅳ型的组合。新疆油页岩在低相对压力段并未表现出Ⅰ型等温线的特征,等温吸附线为Ⅳ型;吸附量随热解终温升高的变化趋势与抚顺油页岩基本相同,但吸附量最大值位于 400 ℃温度点,分析原因为有机质在温度(400~550 ℃)作用下溶蚀形成微孔。

中间相对压力段(p/p_0:0.4~0.8)随着相对压力的增大,吸附量缓慢增加,这一阶段属多分子层吸附过程。

在高相对压力段(p/p_0:0.8~1,对应 10 nm 以上过渡孔),并未因吸附平衡而出现水平平台,相对压力的微小变化就会引起毛细管中气体吸附量的明显增加,直到接近饱和蒸气压时也未出现吸附饱和。等温吸附线在高相对压力下的变化表明,所研究的材料包含一系列大孔隙[104],用低温氮吸附法分析会有一定偏差。

因孔隙形态各异,孔隙中氮气发生凝聚与蒸发所需的相对压力可能并不相同,从而使等温吸附线的吸、脱附分支分开,形成吸附回线。吸附等温线和滞后环的形状可以反映多孔物

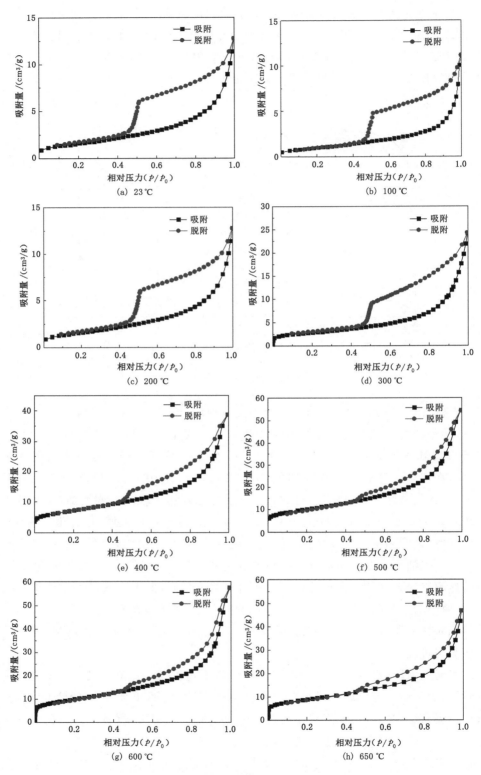

图 3-6 不同温度下抚顺油页岩吸脱附等温线

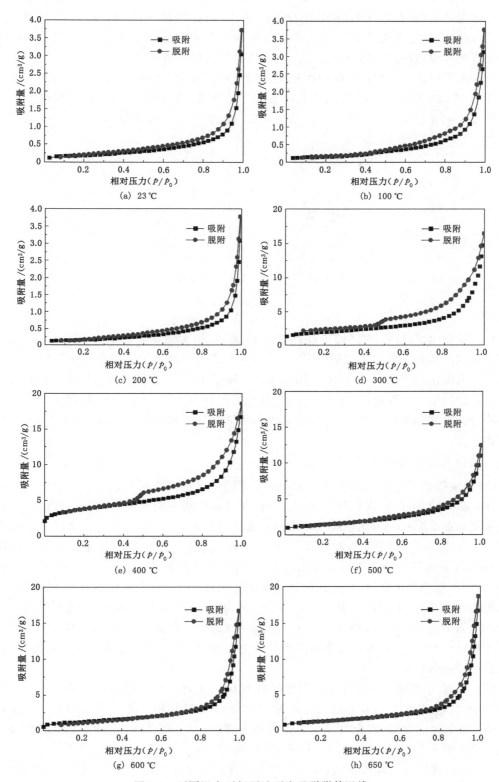

图 3-7 不同温度下新疆油页岩吸脱附等温线

质的孔结构[105]。根据 IUPAC 推荐的分类标准,将孔隙介质的吸附回线分为 4 类(图 3-8),H_1 的吸附和脱附分支相互平行且环线较窄,脱附分支无明显拐点,代表大小均匀且形状规则的圆筒形孔隙结构;H_2 的脱附分支在相对压力较低时有较大幅度的突然下降,代表一端封闭的墨水瓶形孔隙结构;H_3 的脱附分支在较高相对压力下与吸附分支重合,在低相对压力下存在较大的降幅,代表一端封闭的狭缝形孔隙结构;H_4 类似 H_3,但在高相对压力区吸附量要低于 H_3,在较大相对压力区间吸附分支与脱附分支接近水平,脱附分支在拐点处降幅较小,代表狭缝形孔隙结构。

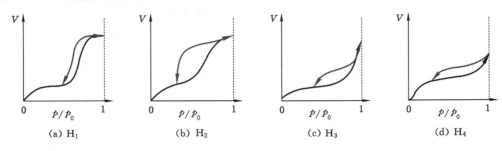

(a) H_1 (b) H_2 (c) H_3 (d) H_4

图 3-8　吸附回线分类

根据吸脱附等温线,不同温度作用后的新疆、抚顺两地油页岩在相对压力(p/p_0)为 0.5～1 阶段均出现了明显的滞后环(Ⅳ型等温线),这表明油页岩较大孔隙中产生了吸附凝聚现象。温度作用下,同一样品的吸附回线产生规律性变化,这表明温度影响了油页岩的孔隙结构。新疆油页岩吸附回线反映孔结构主要由圆筒形孔构成,在 300 ℃和 400 ℃时因热解孔结构变为狭缝形孔;抚顺油页岩孔结构在低温段主要由墨水瓶孔构成,500 ℃开始转变为狭缝形孔。

3.2.2　油页岩孔径分布分析

抚顺、新疆油页岩不同热解终温作用下的孔径分布曲线如图 3-9 和图 3-10 所示。分析孔径分布图可知,不同温度作用后油页岩的孔径分布曲线呈规律性变化。抚顺油页岩孔径分布峰值均在 3.8 nm 左右,也即该尺寸的孔隙数量最多;随温度升高这一孔径分布峰值在 200～300 ℃范围内急剧增大,300～600 ℃缓慢降低,600～650 ℃变化不大。需要说明的是,400 ℃开始检测到微孔级别的孔隙趋于均匀化,不再大幅集中于 3.8 nm 峰值区,在整个温度区间内,孔径分布呈单峰态,这说明孔隙结构相对单一。新疆油页岩在 23～200 ℃温度区间孔径分布复杂,呈多峰态集中于 2～4 nm 的微孔区间,且峰值不大,这说明该温度下孔隙少且多为不连通的微孔;200～400 ℃区间呈单峰分布,峰值位于 3.8 nm 处;500～650 ℃区间呈双峰分布,并且过渡孔峰值随温度升高向右偏移,这说明随温度升高平均孔径增大,意味着孔隙连通性得到改善。

图 3-11 表示两地油页岩在不同温度作用下 BJH 平均孔径的变化。从图 3-11 中可以看出,抚顺油页岩 BJH 平均孔径随着热解温度的升高表现为升—降—升—降的过程,300 ℃时小幅降低,600 ℃时达到最大,650 ℃时又有所降低。新疆油页岩 BJH 平均孔径的变化趋势与抚顺油页岩类似,不同的是 BJH 平均孔径在 300 ℃时的降幅远大于抚顺油页岩,结合图 3-10 可知,此时过渡孔数量明显减少,可能原因为部分过渡孔扩展,形成氮吸附测试范围外的中孔,从而导致平均孔径的大幅降低。

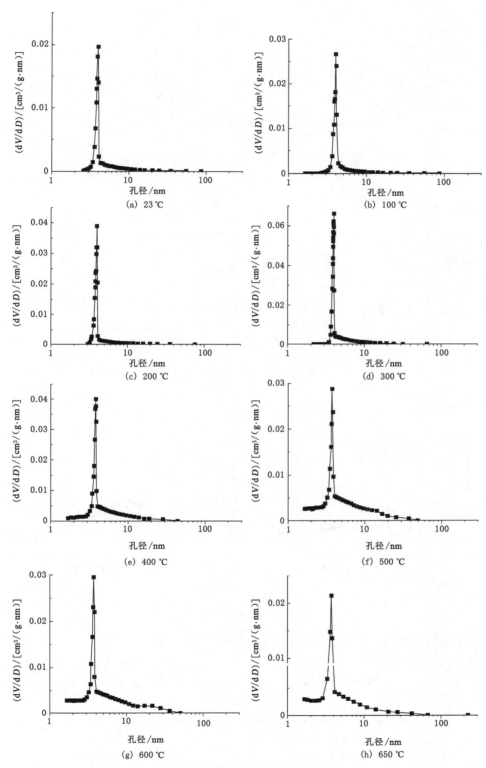

图 3-9　不同温度下抚顺油页岩孔径分布曲线

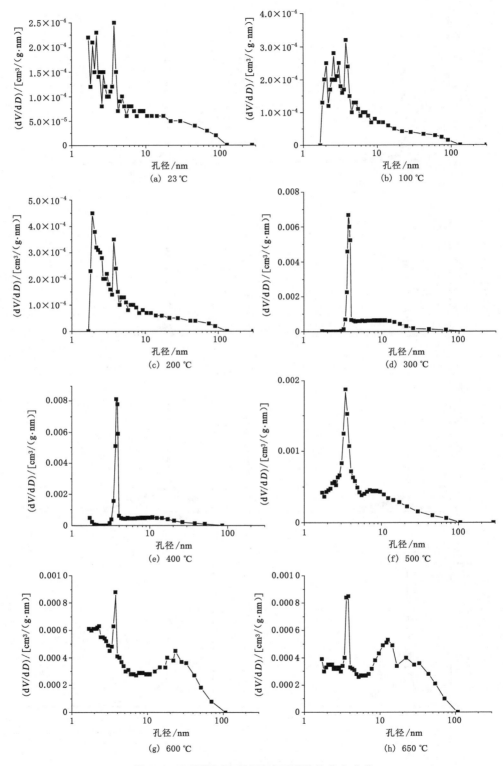

图 3-10　不同温度下新疆油页岩孔径分布曲线

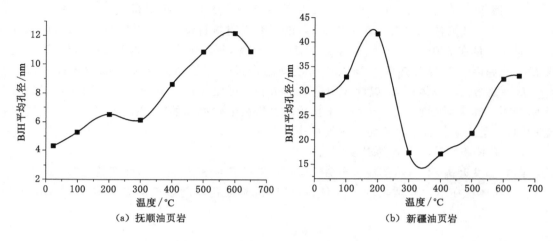

图 3-11　温度与 BJH 平均孔径变化关系

3.2.3　油页岩孔隙结构参数的低温氮吸附法表征

通过低温氮吸附实验,可获得比表面积、孔体积、平均孔径等孔隙结构特征参数。表 3-1 为新疆、抚顺两地油页岩孔隙结构特征参数。

表 3-1　油页岩孔隙结构特征参数

样品	热解终温 /℃	BET 比表面积 /(m²/g)	BJH 总孔体积 /(cm³/g)	平均孔径 /nm	吸附量 /(cm³/g)	吸附回线类型
抚顺油页岩	23	3.588 3	0.018 3	6.53	10.191	H₂
	100	3.648 6	0.020 3	5.27	11.172	H₂
	200	5.758 0	0.023 0	4.31	12.770	H₂
	300	9.925 7	0.043 6	6.14	24.243	H₂
	400	25.075 9	0.061 4	8.62	38.576	H₂
	500	35.309 9	0.086 1	10.85	54.402	H₄
	600	34.853 2	0.090 4	12.17	57.574	H₄
	650	30.981 2	0.073 7	10.90	46.826	H₄
新疆油页岩	23	0.682 0	0.006 0	29.10	3.724	H₁
	100	0.617 0	0.006 4	32.85	3.760	H₁
	200	0.571 0	0.006 5	41.72	3.778	H₁
	300	6.882 0	0.024 6	17.28	16.472	H₄
	400	12.684 0	0.022 8	17.03	18.586	H₄
	500	4.885 0	0.019 7	21.37	12.438	H₁
	600	4.293 0	0.026 7	32.51	16.661	H₁
	650	4.555 0	0.029 4	33.08	18.658	H₁

（1）吸附量随温度变化规律

不同温度作用下的油页岩吸附量呈规律性变化(表 3-1),吸附量发生明显变化均从 300 ℃开始。抚顺油页岩在 300~600 ℃温度区间吸附量持续增长,之后缓慢降低;而新疆油页岩吸附量在 300~400 ℃大幅增长,500 ℃时明显降低,结合前文热重分析结果,该处吸附量下降原因应为部分热解产物以液态或固态形式封堵了部分孔隙形成封闭孔,500~650 ℃持续增长。总体而言,温度作用造成油页岩孔隙结构的重新分布。抚顺油页岩的总吸附量明显高于新疆油页岩,这是由于抚顺油页岩黏土矿物含量高,在温度作用下有机质热解的同时,黏土矿物脱水收缩而形成大量孔隙。

(2)孔体积与阶段孔容随温度变化规律

随着温度升高,不同热解温度作用下,油页岩的孔体积发生规律性变化,如图 3-12 所示;统计孔体积在不同孔隙尺度上的分布,可获得阶段孔容随温度的变化规律,如图 3-13 所示。

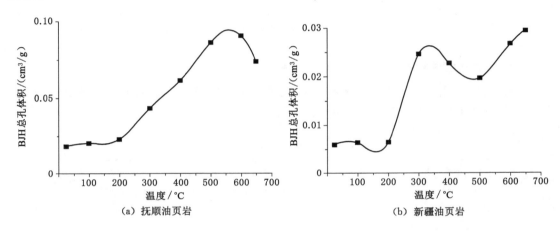

（a）抚顺油页岩 　　　　　　　（b）新疆油页岩

图 3-12　温度与 BJH 总孔体积变化关系

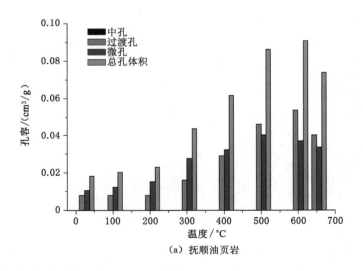

（a）抚顺油页岩

图 3-13　温度作用下阶段孔容变化规律

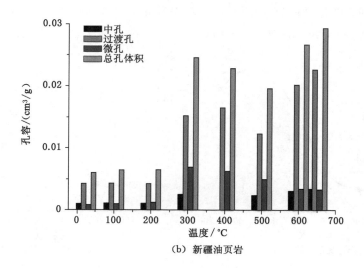

图 3-13（续）

低温氮吸附法主要用以表征样品中的微孔和过渡孔。本次实验中，抚顺油页岩中未见中孔，微孔和过渡孔孔容在 23～200 ℃区间小幅增大；在 200～500 ℃区间同步单调增大，主要是油页岩热解及部分矿物质脱水所导致的；在 500～600 ℃区间，微孔孔容减小，过渡孔孔容增大，这说明部分微孔在高温作用下转变为过渡孔；在 600～650 ℃区间，微孔和过渡孔孔容同步减小，原因为部分孔隙在高温下坍塌使得孔隙率降低。新疆油页岩含少量中孔，中孔孔容在 23～200 ℃区间变化不大，在 300 ℃时有所增加，在 300～650 ℃区间变化不大；微孔和过渡孔孔容在 23～200 ℃区间变化不大；300 ℃作用下微孔和过渡孔孔容大幅增加，微孔孔容达到极大值，之后持续减小直到 650 ℃；过渡孔孔容在 300～400 ℃区间持续增加，在 500 ℃时小幅降低，之后持续增加直到 650 ℃，这主要是由于相邻孔间的坍塌、合并和结构破坏等作用，部分微孔在高温作用下贯通扩展转变为过渡孔。分析发现，微孔与过渡孔孔容在抚顺油页岩中相差不大，而在新疆油页岩中差别较大，这主要是两组油页岩样品无机矿物及有机物组成差异造成的。因低温氮吸附法的测试尺度主要为微孔和过渡孔，在温度作用下产生的更大尺度的孔隙需要辅以压汞法等详细确定。

（3）比表面积随温度变化规律

比表面积是指单位体积（质量）岩石内岩石骨架的总表面积。比表面积对表面反应、矿物骨架的吸附能力及流体在储层中的流动均有较大影响，其大小与矿物组成、含量及排列方式等密切相关。

根据油页岩的比表面积测试结果（表 3-1），绘制温度与比表面积关系曲线，见图 3-14。在 23～650 ℃温度范围内，新疆油页岩比表面积在低温段及高温段均相对稳定，23 ℃时比表面积为 0.682 m²/g，23～200 ℃范围内比表面积变化不大；比表面积变化的主区间为 200～500 ℃，油页岩比表面积随样品终温增大呈现上凸曲线，在 400 ℃达到极大值 12.684 m²/g，到 500 ℃降低至 4.885 m²/g，分析原因为热应力作用下硬质矿物颗粒沿边缘开裂贯通孔隙，导致孔体积增大而比表面积降低；500～650 ℃范围内比表面积变化不大，但总体高于低温段比表面积。抚顺油页岩比表面积远大于新疆油页岩且随温度变化的规律有所不同，由常温到 200 ℃ 区间有小幅下降，之后呈现先增后降的规律，500 ℃ 为其拐点，对应的比表面积为 35.309 9 m²/g，到 650 ℃时降低至 30.981 2 m²/g。

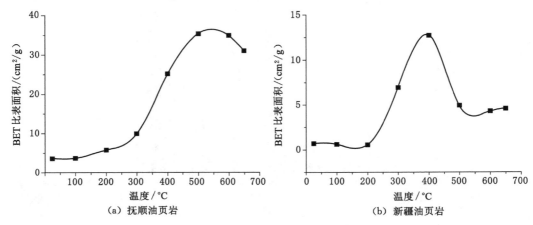

图 3-14　比表面积随温度变化关系

总体而言，随着热解终温的升高，油页岩比表面积变化大致可分为三个阶段：第一阶段为 23～200 ℃，该阶段主要为表面水的析出过程，油页岩内部孔隙结构在温度作用下向有序化发展，但变化幅度不大；第二阶段为 200～400 ℃（抚顺油页岩为 500 ℃），此过程为油页岩在温度作用下的软化、热解过程，伴随着有机质的析出，油页岩孔隙结构复杂化，比表面积急剧增大；第三阶段为 400～650 ℃（抚顺油页岩为 500～650 ℃），高温作用下，油页岩中间产物进一步挥发，部分无机矿物开始分解，部分孔隙坍塌，比表面积在此阶段随温度升高而减小，这一结果与第 2 章分析结果相一致。需要注意的是，比表面积与孔容分布曲线具有一定的相关性，但并不总是一致的，这是由于比表面积表征的主要是吸附孔，微孔数量对比表面积起控制作用，而孔容表征的是油页岩内部孔体积，过渡孔及中孔对孔容变化起控制作用。

3.3　油页岩孔隙结构的分形表征

分形，具有以非整数维形式充填空间的形态特征，最早由 B.B. Mandelbrot 教授于 1975 年提出，它反映物质的局部与整体在统计学上的自相似性。常用分形维数 D 来表征材料的无序性和不规则程度，分形维数越大，非均质性越强。分形理论作为一种用来研究具有自相似性的、不规则的、非线性特征的复杂事物的新理论，正被广泛应用于各个研究领域。

岩石作为一种含天然缺陷的材料，其在形成过程中及地质历史作用下，伴生大量的孔裂隙，这些孔裂隙在形态结构、尺度分布上各不相同，但也具有自相似性，可以用分形理论来分析与解释。近年来，许多研究人员[105-109]根据分形理论，对地下储集层复杂的微观孔隙结构进行了分析。然而，多数岩石孔裂隙分形规律的研究是在常温下进行的。油页岩原位热解过程，涉及复杂的有机质热分解及无机矿物的热破裂，对油页岩的物理力学性质改变较大[110]；同时，其内部所含孔裂隙的几何形态、发育程度及连通性等产生巨大变化，这些因素极大地影响地下流体的流动与运移。因此，升温对油页岩孔裂隙结构演化的控制作用，直接影响传热介质的传热效率与油气产物的输运。用分形理论单纯研究常温下岩石孔裂隙的发育程度是不全面的,更重要的是孔裂隙结构在温度作用下的发展演化规律[111]。研究发现,热解条件下油页岩的孔隙结构也具有良好的分形特征,可以利用分形维数对孔隙结构的复杂程度进行定量描述[112]。部分学者通过分形 FHH 模型[64]和 Zhang-Li 模型[106],分别对桦甸油页岩的低温氮吸附和压汞测试结果进行分形分析,发现孔隙结构的分形维数在 350～500 ℃区间随干酪根的热解而发生显著变化,且分形维数与平均孔径呈良好的线性关系。虽然前人已对温度作用下油页岩孔隙结构的分形演化做过一定研究,但对油页岩吸附孔分形特征及分形维数与温度、矿物组成等的关系研究不足。

根据低温氮吸附数据获取纳米级孔隙结构分形维数的计算模型,主要包括分形 BET 模型、分形 FHH 模型和热力学模型等,其中应用较广的是分形 FHH 模型。本节利用不同温度作用下油页岩低温氮吸附实验结果,基于分形理论,采用修正的 FHH 模型,分别研究油页岩热解过程中孔隙结构和孔表面的分形特征,以及其随温度升高的变化规律。

3.3.1 油页岩孔隙结构的分形表征

基于低温氮吸附数据,利用 Pfeifer 等[113]提出的修正 FHH 模型,油页岩的分形维数可基于式(3-4)计算:

$$\ln\left(\frac{V}{V_m}\right) = C + A\left[\ln\left(\ln\frac{p_0}{p}\right)\right] \tag{3-4}$$

式中　V——平衡压力 p 下的气体吸附量,cm³/g;

　　　V_m——单分子层吸附气体的体积,cm³/g;

　　　p_0——气体吸附的饱和压力,Pa;

　　　p——平衡压力,Pa;

　　　C——吸附热常量;

　　　A——$\ln V$ 和 $\ln(\ln p_0/p)$ 的双对数曲线斜率,受分形维数 D 和吸附机理控制。

有关分形维数的具体计算,根据气体的吸附机理不同,有两种常用的算法。一种观点认为,介质对气体的吸附受控于界面间分子的范德瓦耳斯力,此时分形维数可表示为:

$$D_{FHH} = 3A + 3 \tag{3-5}$$

另一种观点则认为,介质与气体间的作用力主要来自表面张力,基于此的分形维数可表示为:

$$D_{FHH} = A + 3 \tag{3-6}$$

以上计算的分形维数可能大于 3 或小于 2,从而失去分形意义。在低温氮吸附过程中,随相对压力不同界面上产生的吸附往往是两种力共同作用的结果:在吸附初期,气体分子为单层吸附,此时范德瓦耳斯力起控制作用;随着相对压力升高,气体由单层吸附变为多层吸附,进而产生毛细凝聚,此时表面张力作用凸显,表面范德瓦耳斯力可忽略不计。油页岩对气体的吸附作用往往为范德瓦耳斯力与表面张力的结合。本书实际计算中,采用 Ismail 等[114]引入的参数 δ 进行判别:

$$\delta = 3(1 + A) - 2 \tag{3-7}$$

$\delta < 0$ 时毛细凝聚作用影响较大;$\delta > 0$ 时表面张力影响较大。

按照 Yao 等[115]的研究结果,相对压力为 0.5～1 时,分形维数反映的是孔隙结构的复杂程度;相对压力为 0～0.5 时,分形维数反映的则是孔隙表面的复杂程度。为此,本节对低温氮吸附数据采用分段拟合的方式分别计算孔隙结构与孔隙表面分形维数(图 3-15 和

图 3-16）。根据式(3-4)，通过对双对数曲线进行线性拟合可求得 A；利用式(3-7)进行判别发现参数 δ 均为负值，因此采用式(3-6)计算分形维数。新疆与抚顺油页岩孔隙分形计算的相关参数见表 3-2。

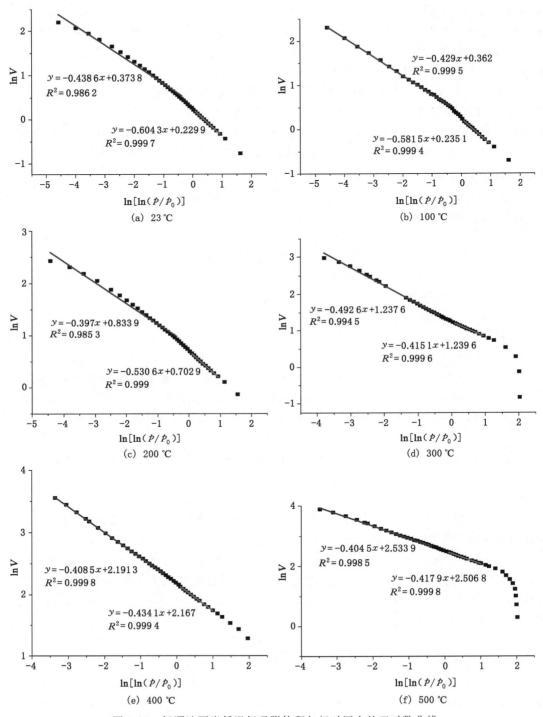

图 3-15　抚顺油页岩低温氮吸附体积与相对压力的双对数曲线

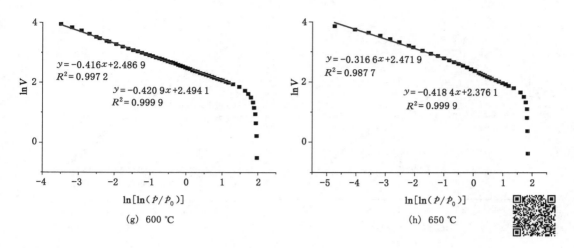

图 3-15（续）

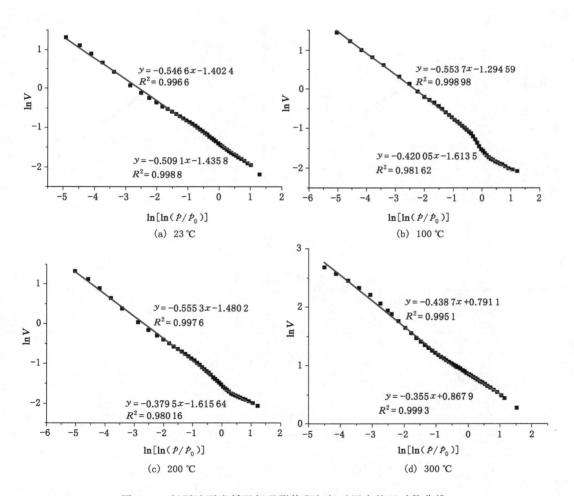

图 3-16　新疆油页岩低温氮吸附体积与相对压力的双对数曲线

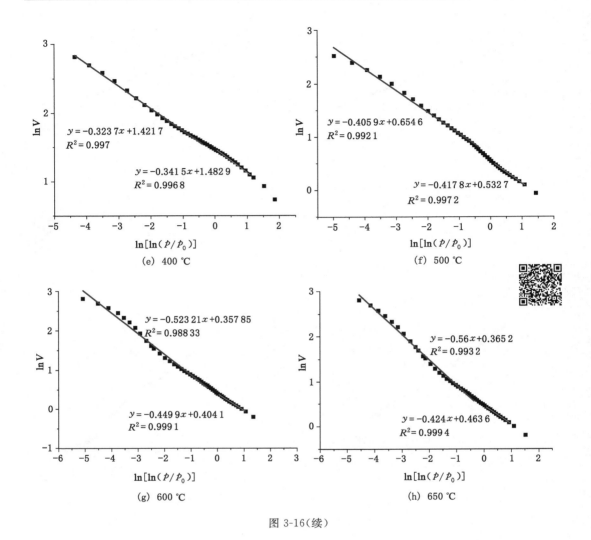

图 3-16(续)

表 3-2　油页岩分形统计

样品	温度/℃	FHH 模型——孔结构 (p/p_0:0.5~1)				Tang 模型——孔表面 (p/p_0:0.05~0.35)			
		A	δ	$D=3+A$	R^2	A	δ	$D=3+A$	R^2
抚顺油页岩	23	−0.439	−0.316	2.561	0.986 2	−0.604	−0.813	2.396	0.999 7
	100	−0.429	−0.287	2.571	0.999 5	−0.582	−0.745	2.418	0.999 4
	200	−0.397	−0.191	2.603	0.985 3	−0.531	−0.592	2.469	0.999 0
	300	−0.493	−0.478	2.507	0.994 5	−0.417	−0.250	2.583	0.999 6
	400	−0.409	−0.226	2.591	0.999 8	−0.437	−0.310	2.563	0.999 4
	500	−0.405	−0.214	2.595	0.999 5	−0.418	−0.254	2.582	0.999 8
	600	−0.416	−0.248	2.584	0.997 2	−0.421	−0.263	2.579	0.999 9
	650	−0.317	0.050	2.683	0.987 7	−0.418	−0.255	2.582	0.999 9

表 3-2(续)

样品	温度/℃	FHH 模型——孔结构 (p/p_0:0.5~1)				Tang 模型——孔表面 (p/p_0:0.05~0.35)			
		A	δ	$D=3+A$	R^2	A	δ	$D=3+A$	R^2
新疆油页岩	23	−0.547	−0.640	2.453	0.996 6	−0.514	−0.542	2.486	0.998 6
	100	−0.554	−0.661	2.446	0.999 0	−0.420	−0.260	2.580	0.981 6
	200	−0.555	−0.666	2.445	0.997 6	−0.380	−0.139	2.620	0.980 2
	300	−0.439	−0.316	2.561	0.995 1	−0.355	−0.065	2.645	0.999 3
	400	−0.344	−0.031	2.656	0.997 0	−0.341	−0.024	2.659	0.996 8
	500	−0.405	−0.216	2.595	0.992 1	−0.418	−0.253	2.582	0.997 2
	600	−0.523	−0.570	2.477	0.988 3	−0.450	−0.350	2.550	0.999 1
	650	−0.541	−0.622	2.459	0.988 8	−0.422	−0.265	2.578	0.999 5

注:R 为线性拟合的相关系数。

  分形维数反映了孔隙的复杂程度,分形维数的变化从宏观上定量表征了热解终温对油页岩孔隙演化的控制作用。图 3-15 及图 3-16 中,蓝线所示为吸附体积与相对压力 $p/p_0 >$ 0.5 的双对数曲线的线性拟合结果,由于计算数据选自相对压力为 0.5~0.995,分形维数 D_{FHH} 反映的是孔隙的空间复杂程度。由图 3-15 和图 3-16 可以看出,不同温度作用下的油页岩孔隙结构分形特征较为显著(相关系数 R 均大于 0.985)。因此,可以通过研究分形维数的变化来表征油页岩孔隙结构的复杂程度及随热解温度的变化。

  图 3-17 为抚顺油页岩及新疆油页岩孔隙结构分形维数随着热解温度的变化趋势。利用 FHH 理论计算得出,新疆油页岩的 D_{FHH} 在 2.445~2.656 之间,抚顺油页岩的 D_{FHH} 在 2.507~2.683 之间,总体高于新疆油页岩,见表 3-2。

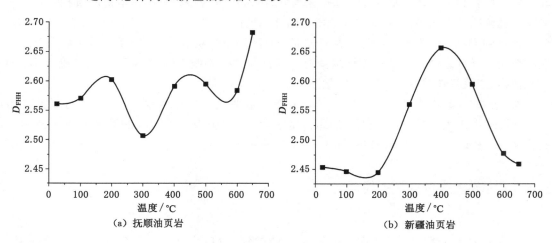

(a) 抚顺油页岩   (b) 新疆油页岩

图 3-17 孔隙结构分形维数与热解温度关系

  抚顺油页岩的 D_{FHH} 随温度变化呈波浪式变化。常温到 200 ℃,分形维数小幅增加,主要是低温作用下油页岩内部自由水析出与热应力导致的无机矿物结构微调整所致;到 300 ℃时,分形维数骤减,达到整个热解过程的最小值,说明在此区间油页岩内部孔隙结构调整趋于均匀化,结构变得简单,有利于原位开采传热介质的传播与扩散;400～500 ℃时分形维数增大,这是由于热解导致孔隙增多,而增多的孔隙尤以微孔为多,孔隙结构复杂化;600 ℃时分形维数减小,由热重分析结果可知,此阶段抚顺油页岩的热解几乎完成,温度作用下主要是无机矿物热分解及矿物骨架热破裂,结合阶段孔容曲线(图 3-13)可知,此时微孔数量略有减少,而过渡孔数量增多,主要原因是矿物质的分解反应及部分微孔连通成为过渡孔,从而孔隙连通性增强;650 ℃时分形维数大幅增加,达到整个温度区间的最大值,此过程的反应较为复杂:一方面温度作用使黏土矿物失去结晶水,新增部分孔隙,另一方面温度作用使得部分微孔连通为过渡孔,且使得部分过渡孔坍塌堵塞,从而使孔隙结构变得异常复杂。

新疆油页岩的 D_{FHH} 随温度变化相对简单,其曲线为开口向下的抛物线,两翼平缓、中间区域增高。常温到 200 ℃,分形维数持续降低,到 200 ℃时,分形维数达到整个热解过程的最小值;200～400 ℃时分形维数持续增大,400 ℃时达到整个热解过程的最大值,其原因主要是有机质热解导致微孔数量增多,且新疆油页岩热解反应呈明显的两阶段,部分中间产物不易挥发析出,孔隙结构复杂化;400～650 ℃时分形维数单调减小,其中 600 ℃前为主要变化段,随着油页岩二次热解的完成,孔隙连通性得到改善,结构渐趋均匀,650 ℃时之所以没有出现如抚顺油页岩的 D_{FHH} 增大的现象,是由于无机矿物组成不同,在该温度下主要是碳酸盐矿物的分解及孔隙的连通起控制作用,微孔减少而过渡孔增多(图 3-13),孔隙结构变得简单。

3.3.2 油页岩孔隙表面的分形表征

基于低温氮吸附的孔隙表面分形维数计算模型,本书采用 Tang 等[116]的修正 FHH 模型(以下简称 Tang 模型)进行计算。Tang 等通过 X 射线小角散射法,对 FHH 理论进行了修正,从 N_2 吸附等温线上获得了表面分形维数 D_S。Tang 等研究发现,对于不同的吸附体,D_S 取决于吸附层的数目 n。对于表面粗糙的吸附体,当 $1<n<10$ 时,D_S 与小角散射的值相一致。与表面粗糙吸附体不同的是,对于表面光滑吸附体,只有当 $1.0\pm0.5<n<2.0\pm0.5$(即单层覆盖)时才能得到 D_S 的准确值。因此,利用改进的 FHH 理论分析表面分形,吸附质在粒子上的吸附层数是有条件限制的。粒子接触越紧密,吸附层越薄,才能正确描述 D_S。为了确保 D_S 的可靠测定,建议只在单层覆盖范围内确定 D_S。

根据式(3-4),在 $\ln V$ 和 $\ln(\ln p_0/p)$ 的双对数曲线上进行直线拟合,由此可以推导出 D_S。然而,由于无法事先确定适当的压力范围,也就无法确定吸附层的厚度范围来准确地得到 D_S。为此,需要利用改进的 FHH 理论来找出最合适的区域,从而由 N_2 吸附等温线确定 D_S。

吸附层数 n 可由式(3-8)确定:

$$n = (\frac{V}{V_m})^{1/(3-D_S)} \tag{3-8}$$

对于低温氮吸附法,氮气作为吸附质,只有当相对压力 p/p_0 在 0.05～0.35 之间时,BET 方程才成立,此时的表面覆盖率为 0.5～1.5。相对压力过小时未能形成单层吸附,相对压力大于 0.35 时,毛细凝聚效应突显,这与 Tang 模型机理相同。故选择相对压力为 0.05～0.35 作为分形维数计算依据。利用获得的 D_S,由式(3-8)验证是否为单层吸附。

图 3-15 与图 3-16 中,红线所示为吸附体积与相对压力 p/p_0 为 0.05～0.35 的双对数曲

线的线性拟合结果,分形维数 D_s 反映的是介孔的表面粗糙程度。图 3-18 所示为根据低温氮吸附实验数据计算的表面分形维数随热解温度的变化趋势。

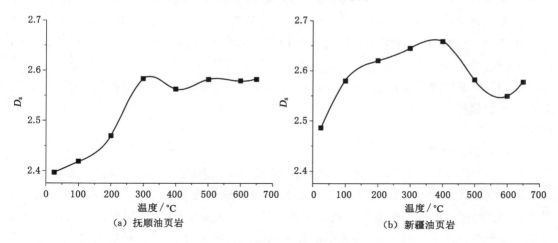

（a）抚顺油页岩　　　　　　　（b）新疆油页岩

图 3-18　孔隙表面分形维数随热解温度的变化关系

　　抚顺油页岩的 D_s 随热解温度升高先持续增加,自 300 ℃开始在高位小幅波动,拐点位于 300 ℃处。23～200 ℃时分形维数持续增加,这一变化过程与孔隙结构分形维数变化趋势相一致;不同于 D_{FHH} 的是,200～300 ℃时分形维数 D_s 急剧增大,受低温时产生的少量气体逐渐脱离油页岩,以及在此温度下热破裂的影响,油页岩孔隙连通性得到改善,而油页岩的软化及低温热解新增的微孔又增加了孔隙表面的不平整度,从而出现孔隙结构分形维数下降而表面分形维数上升的现象;300～400 ℃时 D_s 小幅下降;之后 D_s 以较大的值一直持续到 650 ℃。新疆油页岩的 D_s 的变化趋势与 D_{FHH} 相比,差异主要体现为 23～200 ℃时 D_s 就大幅增加,孔隙结构简单而孔隙表面粗糙复杂,之后两者变化趋势相一致。

　　分析发现,无论是 D_{FHH} 还是 D_s,抚顺、新疆两地油页岩在 300～400 ℃时均出现了突变点。这一温度点正是油页岩中有机质开始分解的临界温度,温度作用使颗粒结构变化调整,使有机质软化变形并开始热解,无论是孔隙表面形态还是空间结构均产生较大变化,从而导致分形维数变化较大。

3.4　基于高压压汞的油页岩孔隙结构表征

　　低温氮吸附法因测试尺度有限,对于含中孔及大孔的材料未能完全表征,而压汞法则是对低温氮吸附法的有益补充[117-118]。对于岩石这类跨尺度复杂孔隙结构材料,压汞法因其可测的孔径范围较宽,结果可靠,在岩石孔隙结构分析与表征中应用广泛。本节利用压汞法测得抚顺、新疆两组油页岩孔隙结构参数,分别从压汞曲线形态和孔径分布两方面分析油页岩孔隙结构特征及其随温度的变化规律。

　　依据高压压汞实验结果,通过分析进汞体积与毛细管半径的变化关系,以及各孔隙特征参数之间的相关关系,可以从更深层次上了解油页岩在不同热解温度作用后其微观孔隙结构特征,找出孔径的分布、变化规律。

3.4.1 油页岩压汞曲线特征

在压汞测试中,一定的毛细管压力对应一定的孔喉半径,孔体积-孔径分布曲线反映的是孔径(与毛细管压力对应)与压入汞体积之间的变化关系。由孔体积-孔径分布曲线形态可以定性分析岩石的孔喉结构变化特征。本次实验所用压汞仪测试时的最小压力为0.49 psi,考虑实验开始前就产生的汞的水头压力,以及该压力下对应的巨大孔隙实质上为样品的扁平裂隙,不再符合压汞实验的圆柱形孔假设,故应剔除孔径大于 $100~\mu m$ 的数据。

(1)进-退汞机理

进汞压力较小时,汞液优先进入大的孔隙或裂隙中;随着进汞压力的增大,汞液依次进入更小级别的孔隙中,进汞压力与孔隙直径相对应。分析孔体积-孔径分布曲线图 3-19 和图 3-20 发现,压汞曲线的形态与油页岩中孔隙结构特征关系密切,曲线形态反映抚顺油页岩在低温段微孔进汞量较大,随温度升高转为以过渡孔进汞为主,而新疆油页岩在低温段的进汞主要发生在微孔及过渡孔中,随温度升高以中孔进汞为主。

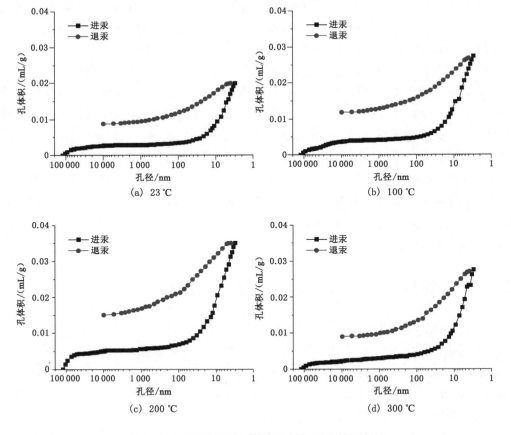

图 3-19 不同温度下抚顺油页岩孔径-孔体积曲线

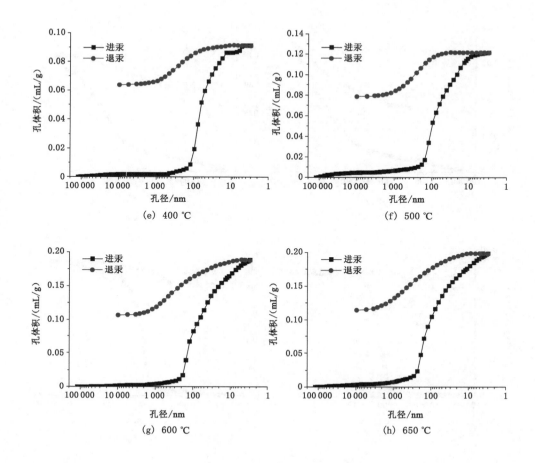

(e)　400 ℃　　　　　　　　　　　(f)　500 ℃

(g)　600 ℃　　　　　　　　　　　(h)　650 ℃

图 3-19(续)

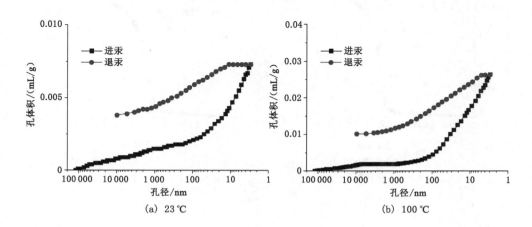

(a)　23 ℃　　　　　　　　　　　(b)　100 ℃

图 3-20　不同温度下新疆油页岩孔径-孔体积曲线

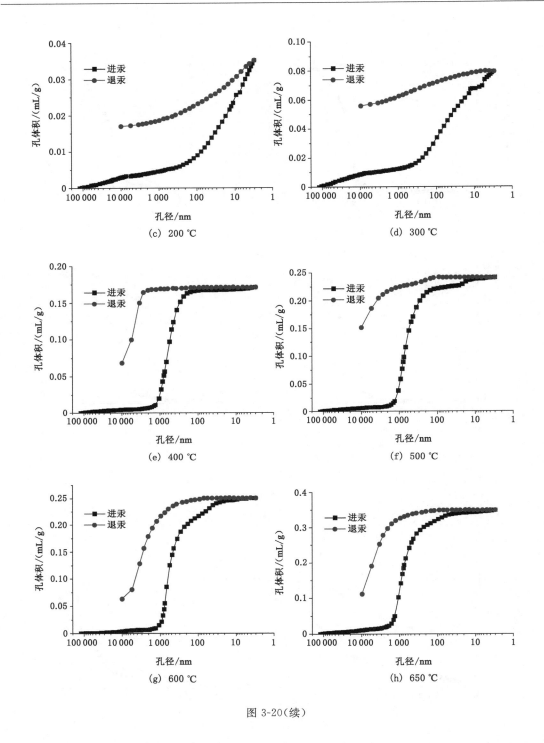

(c) 200 ℃

(d) 300 ℃

(e) 400 ℃

(f) 500 ℃

(g) 600 ℃

(h) 650 ℃

图 3-20(续)

各热解终温下的退汞曲线与进汞曲线并不重合,存在明显的退汞滞后。压汞实验中存在的滞后现象,说明油页岩样品中发育着"墨水瓶"状孔隙;另外,孔隙结构在高汞压条件下可能产生结构变化,也会引起退汞滞后。部分研究者认为,退汞滞后现象是由于孔隙屏蔽效应的影响[119-120]。在大孔隙团与小孔隙团组成的网络模型中,孔与孔并非互相平行,而是交错排列的。不同的网络模型会造成相应的孔隙屏蔽效应。不同温度作用下的油页岩中因以上两种孔隙网络模型影响而在曲线形态上表现出差异。

（2）曲线形态与温度的关系

由图 3-19 和图 3-20 可以看出,新疆、抚顺两组油页岩的压汞曲线形态各异,且曲线形态与油页岩的热解终温之间存在密切联系。图中曲线可反映不同孔径区间内孔体积增量的变化,曲线越缓,对应孔径区间内孔体积增量越小;曲线越陡,对应孔径区间内孔体积增量越大。两组油页岩的孔径-孔体积分布曲线在 23～300 ℃时均呈反 S 形,体现出孔隙结构中微孔、小孔及大孔发育,中孔不发育,孔隙连通性较差;而在 400～650 ℃时则呈 S 形,反映出孔隙结构中中孔发育,而微孔、小孔和大孔不发育,孔径分布较集中。

3.4.2　油页岩孔径分布特征

图 3-21 和图 3-22 分别为不同热解终温下抚顺、新疆油页岩孔径分布曲线,曲线直观反映了不同温度下样品孔隙在各孔径区间的分布状况。

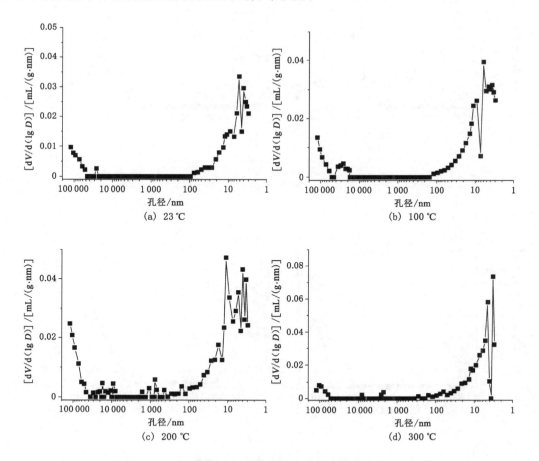

图 3-21　基于压汞实验的不同温度下抚顺油页岩孔径分布曲线

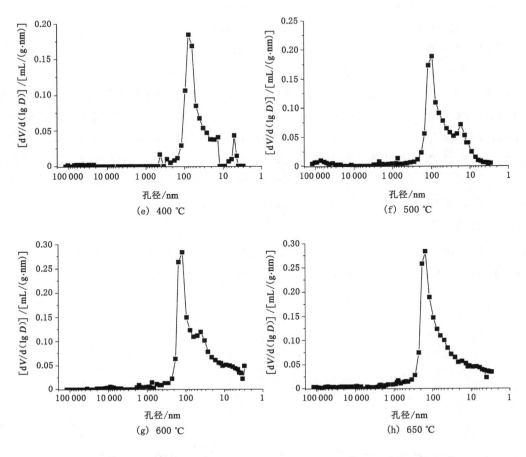

(e) 400 ℃

(f) 500 ℃

(g) 600 ℃

(h) 650 ℃

图 3-21(续)

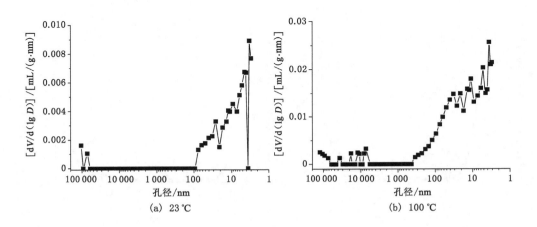

(a) 23 ℃

(b) 100 ℃

图 3-22　基于压汞实验的不同温度下新疆油页油孔径分布曲线

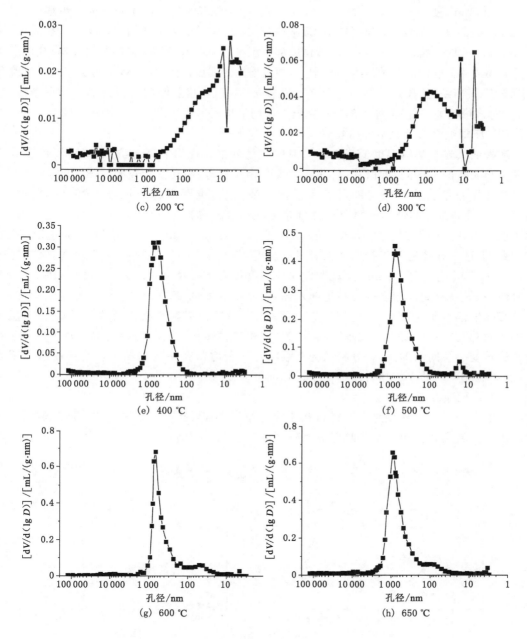

图 3-22(续)

（1）抚顺油页岩孔径分布分析

抚顺油页岩在热解温度低于 400 ℃时，孔隙分布主要集中在＜100 nm 和 100 μm 附近的两个区间，中间部分几乎没有孔隙分布，两侧均呈半峰分布形态，而在微孔区域(3.3～11.1 nm)峰值并不规则，呈不规则多峰，这说明孔隙均一性较差，一定程度上反映了孔隙连通性差。在 400～650 ℃区间，孔径-孔体积曲线变为 S 形，对应的孔径分布也发生了根本性变化，孔径分布出现一主一次两个显著的峰，且随着温度的升高峰值点向左移动，孔径变大，由 400 ℃时的

77.1 nm、5.2 nm 变为 600 ℃ 时的 120.7 nm、40.3 nm，到 650 ℃ 时孔径分布进一步集中，只在 151.1 nm 处出现一个峰值，孔隙连通性逐渐变好，这也有利于热解产物的运移。分析原因，油页岩在 400 ℃ 时有机质大量分解，而岩体内部因温度作用引起的结构调整相对较弱；气体产物的析出导致油页岩内的孔隙压力局部增大，油页岩内沿弱面产生微破坏，从而发育大量过渡孔并随温度升高逐渐扩展。大孔主要分布于孔径 20 μm 以上区间，由常温到 300 ℃ 逐渐减少，400 ℃ 时该峰消失，原因可能为部分孔在温度作用下扩展形成超出测试范围的裂隙。

（2）新疆油页岩孔径分布分析

新疆油页岩在热解温度低于 400 ℃ 时的孔径分布和抚顺油页岩类似，以半峰形态分布于微孔和大孔两个区间，即微孔、过渡孔和大孔相对发育，中孔发育较差。不同的是，新疆油页岩在孔径分布上的峰面宽度要远大于抚顺油页岩，也即新疆油页岩孔隙分布更均匀。23～300 ℃，高压区和低压区两个孔径分布区随温度升高向中间扩展，孔径分布趋于均匀。新疆油页岩在 400 ℃ 时变为单峰分布，对应的孔径为 553.2 nm，与抚顺油页岩的变化趋势相一致，但这一孔径远大于抚顺油页岩对应温度下的 77.1 nm；400～650 ℃ 区间，该峰持续左移，650 ℃ 时达到 835.6 nm，这说明此阶段温度作用下孔径变大。500 ℃ 开始，在 17.1 nm 处出现一个小峰，此峰随温度升高也向左偏移，到 650 ℃ 时变为 95.4 nm 且与主峰相连通，但此峰高度没有明显增高，这说明新疆油页岩在 400 ℃ 以后新增微孔量并不明显，但在温度作用下微孔孔径逐渐变大。文献[121]认为，黏土矿物转化对孔隙的影响主要源于自身孔隙形态的转变和层间水的排出，分析认为高温状态下新增微孔主要与黏土矿物的脱水作用有关，而新疆油页岩黏土矿物含量远低于抚顺油页岩。

（3）孔径随温度变化规律

中值孔径与平均孔径是多孔材料孔隙特征评价的重要指标。由图 3-23 可知，随温度变化两组油页岩孔径分布的变化趋势具有较高的一致性，但孔径尺寸差异较大。

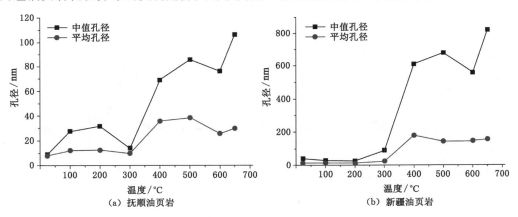

图 3-23　孔径随温度变化关系

抚顺油页岩中值孔径由 23 ℃ 时的 9.5 nm 增大到 200 ℃ 时的 31.8 nm，而平均孔径增幅不大，到 300 ℃ 时，平均孔径与中值孔径均有所降低，尤以中值孔径较为显著，主要原因为该区间内大于 100 μm 的大孔隙的变化幅度高于微孔、过渡孔的变化幅度；300～500 ℃ 时孔径增幅较大，主要是热解产生的大量过渡孔和中孔所导致的；600 ℃ 时中值孔径与平均孔径均产生了较大幅度的下降，主要是由于矿物失水导致微孔数量的增加，与低温氮吸附分析结果不同的原因是 600 ℃前产生的大量小于 3 nm 的微孔作用没有体现；600～650 ℃时孔径进一步扩展，使得中孔数量增多，从而导致中值孔径与平均孔径增大。

新疆油页岩中值孔径与平均孔径在 23～300 ℃区间变化微弱；300 ℃以后中值孔径变化趋势与抚顺油页岩一致，但新疆油页岩发育的中孔导致其对应温度下的中值孔径远大于抚顺油页岩；500 ℃时平均孔径变化趋势与中值孔径发生偏离，结合图 3-22 可知，该温度下在 17.1 nm 处产生了过渡孔集中区域，孔体积贡献较小但数量较多，从而导致中值孔径增大而平均孔径减小。

3.5　油页岩孔隙结构的全尺度表征

目前，压汞（速率控制或压力控制）、低温吸附、核磁共振等测试手段广泛应用于岩石孔隙结构特征的研究，但各种测试方法的有效范围及侧重点并不相同。如前所述，温度作用下油页岩孔径由纳米级到微米级均有分布，跨度极大，采用单一手段很难全面展现整个孔隙空间的分布规律。为全面准确反映油页岩的孔隙结构及其在温度作用下的演化规律，本书提出低温氮吸附法（LTNA）和高压压汞法（MIP）联合表征油页岩孔径全尺度的分析方法。

在岩石孔径全尺度分析的研究中，文献[122]以煤样低温氮吸附和高压压汞实验数据为基础，通过两者在累计孔体积一阶导数-孔径关系曲线上的交点确定临界孔径，以实现有效衔接；文献[123]根据低温氮吸附和高压压汞曲线在 100 nm 处相交，分析了煤自燃过程孔隙结构演化规律；文献[124]基于低温氮吸附、高压压汞及低温二氧化碳吸附孔径分布曲线，按三种方法的适用范围分别取值对页岩孔径分布进行了联合表征；文献[125]基于低温氮吸附与核磁共振（NMR）测试结果，通过插值方法建立了致密砂岩全尺度孔径分布曲线。

3.5.1　孔隙结构全尺度表征的实现

低温氮吸附实验和高压压汞实验都是通过实验提取压力-孔体积（氮气吸附量或进汞量）的原始数据，再利用相应数学模型从这些数据中得到孔径分布结果，不同的是它们测量的孔径范围不同。高压压汞与低温氮吸附在多孔材料孔隙结构表征中各有优势，高压压汞测试范围较大，可实现跨尺度孔隙结构表征，但测试中因高汞压产生的孔隙变形甚至破坏导致该方法对 10 nm 以下的孔隙表征偏离实际；而低温氮吸附对 2～50 nm 区间的孔隙结构表征更为可靠，尤其对比表面积和孔隙结构形态的分析更具优势。为此，应考虑结合两者优势对孔隙结构进行联合表征。理论上，两者结合应满足相同孔径所对应孔隙进液量（汞液或发生毛细凝聚的液氮）相等，即 $(\mathrm{d}V/\mathrm{d}D)_{\mathrm{LTNA}} = (\mathrm{d}V/\mathrm{d}D)_{\mathrm{MIP}}$ [122,126]，从而使孔径分布曲线在一定范围内重叠或相交，如图 3-24 所示。但多数情况下两条曲线并未完全重合，造成这一结果的可能原因主要为：① 实验原理不同，高压压汞实验结果体现的是孔隙喉道分布，而基于低温氮吸附实验数据的 BJH 理论计算结果则包含孔隙和喉道信息[127]，对于某些孔喉与孔隙主体直径相同的孔隙结构，如狭缝形孔，理论上低温氮吸附法和高压压汞法应得到相似的结果，而两者产生差异可能是部分孔隙形状发生了偏离，如墨水瓶孔；② 在汞压力作用下，多孔介质固体骨架产生压缩[128]，从而导致实测数据偏大，尤其在高压力区间（对应更小尺度的孔隙），这一情况在孔隙率较低时体现得尤为明显。同时，由图 3-24 可见，尽管两种测试结果在其共有的有效测试范围内孔径分布曲线不重合，但对于同一测试对象，两者的变化规律却有较高的一致性，这为两者结合实现全尺度孔径分布分析提供了依据。

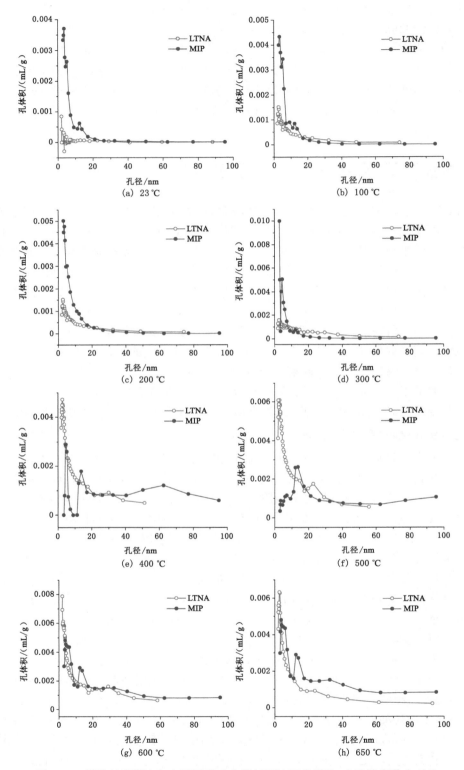

图 3-24　低温氮吸附法与高压压汞法实测抚顺油页岩微孔、小孔孔径分布对比

在低温氮吸附实验中,测试的有效孔径范围为 2～50 nm,而高压压汞实验测试的有效孔径范围则为 10 nm～100 μm。显然,这两种技术有一个共同的有效孔径测试范围(10～50 nm),因此需要计算出实测的低温氮吸附和高压压汞实验数据在多大孔径处进行连接。本书随机抽取抚顺油页岩 23 ℃、650 ℃下的曲线为例图解说明其连接过程:

① 基于两种技术的实测数据分别由小孔径开始累加获得累计孔体积,因拟合曲线具有更好的稳定性,故实际操作中需要先对累计孔体积进行曲线拟合(图 3-25),为控制拟合精度,要求所有拟合曲线的相关系数 $R>0.999$;需要注意的是,基于高压压汞法的数据由大孔开始累加,需要重新计算使其由小孔开始累加。

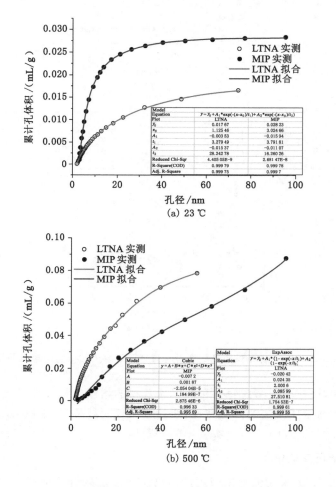

(a) 23 ℃

(b) 500 ℃

图 3-25　抚顺油页岩低温氮吸附法与高压压汞法实测累计孔体积数据与曲线拟合

② 对两条累计孔体积曲线进行求导,在两条微分曲线上获得连接点(图 3-26)。以连接点横坐标作为孔径,使 $(\mathrm{d}V/\mathrm{d}D)_{\mathrm{LTNA}}=(\mathrm{d}V/\mathrm{d}D)_{\mathrm{MIP}}$,其中连接点前采用低温氮吸附法实测孔体积变化量数据,而在连接点后则采用高压压汞法实测孔体积变化量数据,进而获得全尺度范围的孔体积变化量分布曲线,将孔体积变化量累加即得到累计孔体积;累计孔体积与实测表观密度相乘可得修正的孔隙率数据。采用同样的方法,可得抚顺、新疆两组油页岩其他

温度点的孔容增量及孔隙率曲线。

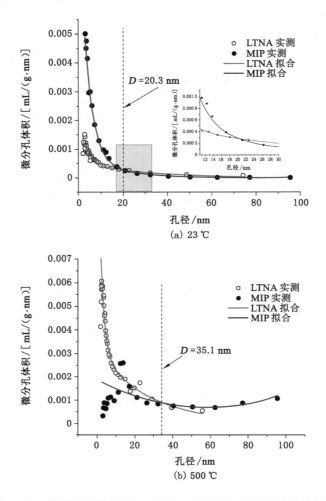

(a) 23 ℃

(b) 500 ℃

图 3-26　抚顺油页岩低温氮吸附法与高压压汞法数据的连接点获取

值得注意的是,该方法仅考虑每一种技术所获得的增量体积和孔径之间的关系,而忽略了低温氮吸附法和高压压汞法的内在特性,所得结果仅对孔径-孔体积(以及其增量)分布及由此衍生的相关数据具有实用性,具有一定的局限性。

3.5.2　孔隙结构全尺度表征

图 3-27 和图 3-28 为采用低温氮吸附法与高压压汞法联合表征的抚顺和新疆油页岩全尺度孔径分布曲线。分析发现,抚顺油页岩孔容增量与孔径关系曲线在 23～300 ℃呈"U"形分布,左侧峰值在 17～35 nm 区间波动,右侧呈半峰分布。400～650 ℃时孔容增量分布曲线以单峰分布为主,400 ℃时孔容增量及孔隙率急剧增长,以微孔及过渡孔为主,随温度升高峰值逐渐右移,峰值点对应孔径由 400 ℃时的 77.1 nm 增加到 650 ℃时的 151.1 nm,650 ℃时孔容分布以过渡孔和中孔为主;其中 400～600 ℃区间在主峰左侧有一次峰,随温度升高同步右移,到 650 ℃时合并于主峰。

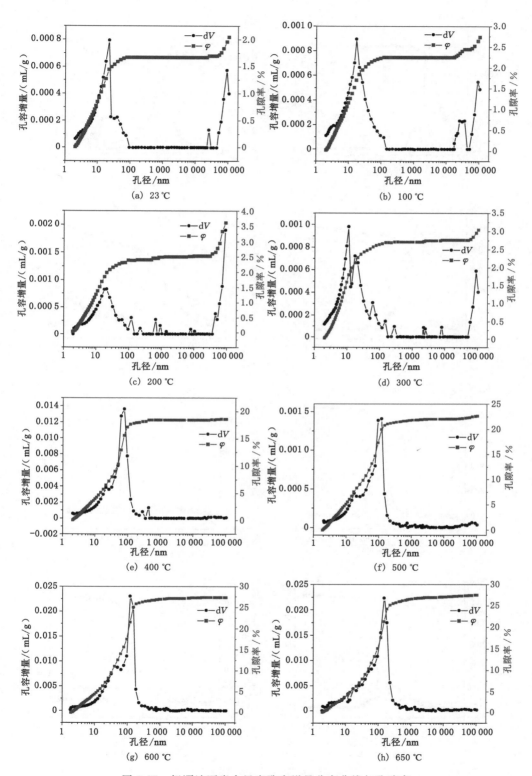

图 3-27 抚顺油页岩全尺度孔容增量分布曲线与孔隙率

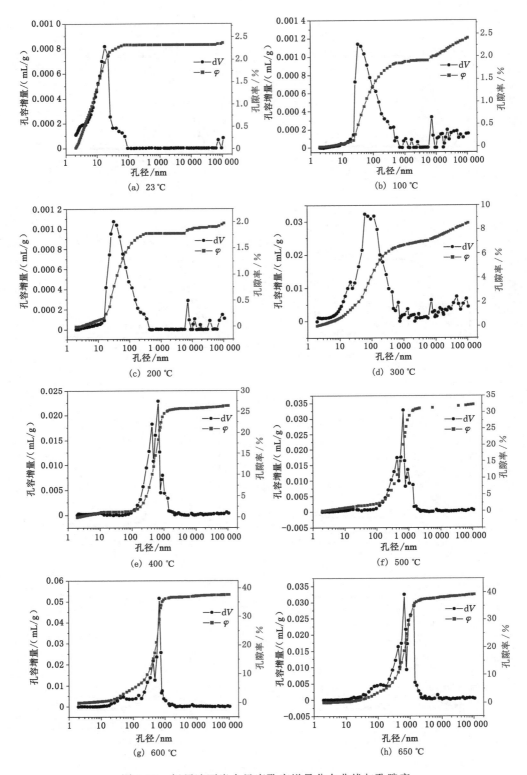

图 3-28　新疆油页岩全尺度孔容增量分布曲线与孔隙率

　　新疆油页岩孔容增量与孔径关系曲线在 23～300 ℃ 区间以左峰分布较为突出,峰值点位置在 18～120 nm 波动,右侧 10～100 μm 处有不规则分布的孔隙。与抚顺油页岩的变化趋势类似,400 ℃ 时孔容增量及孔隙率急剧增长;400～600 ℃ 时孔容增量分布曲线在相对集中的区域(434.1～920.7 nm)呈多峰分布,且随温度升高峰高增大;到 650 ℃ 时主峰峰高降低,但在 1 329.2 nm 处的大孔区间出现了显著峰值。

　　不同热解终温下,油页岩孔隙结构变化机理不同。23～300 ℃ 时,温度对油页岩的作用主要是自由水的析出,有机质的膨胀变形以及因矿物热膨胀系数不同所引起的孔隙结构微调,油页岩孔隙结构变化不明显,新疆油页岩因含石膏在 100 ℃ 时发生脱水反应,孔体积增加明显。400 ℃ 时油页岩中有机质达到热解温度而大量分解析出,此时温度对孔隙结构的影响主要与热解反应及热解程度有关,如新疆油页岩有机质的热解分为两个明显阶段,中间产物的占位、堵塞会影响对应温度下孔隙结构的测量。500 ℃ 以后,油页岩有机质热解反应基本完成,油页岩孔隙结构的变化主要由温度对无机矿物的热作用引起,如黏土矿物结晶水的脱除、碳酸盐矿物的分解作用、石英相变膨胀引起的热破裂以及孔隙结构在高温下的连通及坍塌作用;此时,油页岩孔隙结构的变化与矿物组成密切相关。

　　不同热解温度作用下,油页岩孔隙率及在不同孔隙尺度上的孔容发生相应变化,详见表 3-3 及表 3-4。由表中数据可得对应孔隙率及阶段孔容随温度变化情况。

表 3-3　抚顺油页岩全尺度孔隙结构特征参数

温度 /℃	压汞孔隙率 /%	全尺度孔隙率 /%	阶段孔容/(mL/g)			
			≥1 000 nm	100～<1 000 nm	10～<100 nm	<10 nm
23	4.282 9	2.046 3	0.001 8	0	0.003 8	0.003 9
100	5.517 5	2.734 8	0.002 4	0.000 1	0.005 3	0.005 8
200	7.018 9	3.615 7	0.005 6	0.000 9	0.005 8	0.005 8
300	5.602 0	3.045 9	0.001 7	0.000 3	0.005 1	0.007 9
400	18.259 9	18.627 2	0.000 9	0.006 3	0.066 1	0.019 9
500	22.786 1	22.622 2	0.004 7	0.023 7	0.065 0	0.027 3
600	32.467 0	27.348 0	0.002 8	0.054 4	0.075 9	0.025 6
650	33.102 2	27.543 5	0.005 9	0.069 1	0.068 3	0.021 8

表 3-4　新疆油页岩全尺度孔隙结构特征参数

温度 /℃	压汞孔隙率 /%	全尺度孔隙率 /%	阶段孔容/(mL/g)			
			≥1 000 nm	100～<1 000 nm	10～<100 nm	<10 nm
23	1.689 73	2.364 2	0.000 1	0	0.004 3	0.005 8
100	5.099 69	1.972 4	0.002 8	0.002 8	0.006 8	0.000 3
200	6.634 95	2.407 8	0.001 0	0.001 4	0.007 3	0.000 6
300	13.945 82	8.523 1	0.010 7	0.014 7	0.019 4	0.003 7
400	28.666 09	26.383 6	0.015 6	0.133 9	0.002 0	0.006 0
500	36.876 24	32.298 8	0.030 6	0.166 7	0.008 2	0.005 5
600	39.295 94	37.707 5	0.012 0	0.197 5	0.027 6	0.003 0
650	45.203 48	39.149 3	0.086 0	0.189 8	0.023 5	0.002 8

（1）阶段孔容随温度变化规律

统计油页岩在不同热解终温作用下各尺度的累计孔体积，绘制温度与阶段孔容关系曲线，见图3-29，图3-29中显示了随温度变化各尺度下的孔容变化。由图3-29可知，各尺度孔容随温度变化规律并不一致，在低温段各阶段孔容变化不大；随温度升高，因两组油页岩矿物组成及热解反应过程的不同，从400℃开始阶段孔容变化较大且不一致。

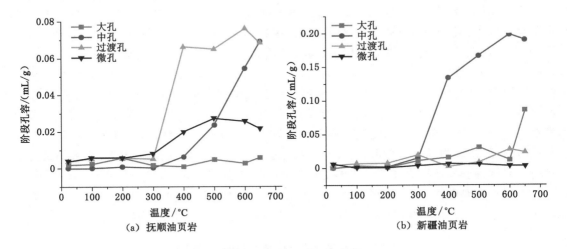

图3-29　阶段孔容随温度变化关系

抚顺油页岩从400℃开始微孔孔容呈现先增后减的趋势；过渡孔孔容在400℃时大幅增长到常温状态的11.5倍，其后在较高占比下发生波动；中孔孔容以指数形态加速增长，600℃后缓慢增长；大孔孔容随温度变化微弱，400～650℃呈现增—降—增的变化趋势。650℃时微孔、过渡孔孔容减小，而中孔、大孔孔容增加。综上，抚顺油页岩在400～500℃时以微孔、过渡孔增长为主，而在600～650℃时则以中孔、大孔增长为主。

新疆油页岩在300℃时各阶段孔容即有小幅增长；400℃开始，微孔孔容小幅增长到整个温度区间的最大值，其后缓慢降低；过渡孔孔容在400℃时降低到整个温度区间的最小值，其后缓慢增长直到600℃，650℃时又呈孔下降趋势；中孔孔容变化尤其明显，400℃时孔容大幅增长，400～600℃时稳定增长，650℃时呈下降趋势；大孔孔容变化趋势与抚顺油页岩相似，但幅度更大，尤其在650℃时增幅明显。

分析原因，400℃前油页岩在温度作用下主要是自由水的析出，以及固体骨架与有机质的膨胀，体现在孔容变化上并不明显。400～500℃是油页岩热解的主要阶段，尤以抚顺油页岩孔容增长与热解的一致性较高，这是由于抚顺油页岩的热解一步完成，二次反应并不明显；该温度下油页岩孔容变化较为复杂，热解物析出形成的孔洞以及无机物的热破裂对孔容增长起到了促进作用，而有机物中间反应物的占位甚至堵塞则对孔容增长起到抑制作用（如新疆油页岩的热解），同时温度作用下孔隙结构的相互连通与转化对阶段孔容的变化也起到不可忽视的作用。结合孔容分布曲线可知，600～650℃时，抚顺油页岩孔容分布峰值随温度升高向大孔径方向偏移，这说明孔隙的连通性整体变好；而新疆油页岩孔隙则主要分布于中孔区间，在650℃时孔容分布向右偏移到大孔区间，从而导致中孔减少而大孔增多。600～650℃温度区间油页岩主要为无机矿物反应与热破裂，此时矿物组成对孔容变化起到控制作用,一方面黏土矿物在该温度下失去结晶水,部分矿物(白云石)分解或相变(碳酸盐类矿物),按文献[129],温度作用下黏土矿物的热反应主要促进微孔和过渡孔的增加,而碳酸盐及长石类矿物则主要促进过渡孔和中孔的增加;另一方面在温度作用下孔隙之间连通形成更大孔隙,同时部分孔隙发生坍塌破坏而形成堵塞,从而使孔隙结构变得异常复杂,尤以 650 ℃时的变化最为明显。

（2）孔隙率随温度变化规律

孔隙率(φ)是表征岩石中孔隙空间大小的参数,指岩石中孔隙体积(V_p)与岩石总体积(V)之比的百分数,即

$$\varphi = \frac{V_p}{V} \times 100\% \tag{3-9}$$

抚顺、新疆油页岩孔隙率随温度升高变化曲线如图 3-30 所示。由图 3-30 可知,两组油页岩孔隙率随热解终温变化曲线呈 S 形,即低温段和高温段变化缓慢,而中间段(400 ℃)变化剧烈。对比图 3-30 中高压压汞法与全尺度分析法所得孔隙率变化曲线可以看出,全尺度分析法因在微、小孔径段接入更为精确的低温氮吸附测试数据,修正了高压压汞法因高压作用对样品骨架压缩而引起的孔体积增量测试偏高问题,所得孔隙率总体上低于对应温度下的压汞测试结果,但两者随温度的变化趋势具有较高的一致性。

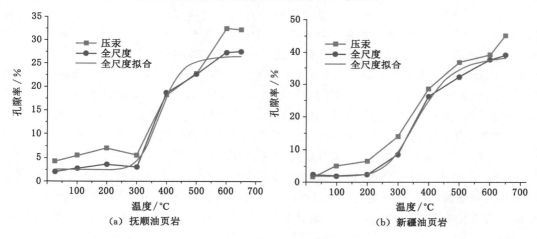

图 3-30　孔隙率随温度变化关系

抚顺油页岩孔隙率在 23～200 ℃区间小幅增高,由 23 ℃时的 2.046 3%增加到 200 ℃时的 3.615 7%,分析原因为油页岩自由水的析出和热应力引起的孔结构微调整所致;在 200～300 ℃区间有小幅降低;在 300～600 ℃区间持续增长,600 ℃时达 27.348%,主要是油页岩热解有机质析出、无机物热破裂所导致的;在 600～650 ℃区间变化微弱。

新疆油页岩孔隙率在整个升温区间持续增长,其中 300 ℃前小幅增长,区别于抚顺油页岩的变化规律的主要原因为新疆油页岩所含石膏在较低温度下即发生脱水反应,从而导致孔隙率有所增加;300～600 ℃时持续增长,原因同前述分析;650 ℃时增幅变小,主要原因为油页岩中脆性矿物热破裂产生的中大孔所致。

在整个升温区间,抚顺、新疆油页岩的孔隙率分别由常温时的 2.046 3%、2.364 2%增长到 650 ℃时的 27.543 5%、39.149 3%,分别增长了 12.5 倍与 15.6 倍。这说明热解终温变化

对油页岩孔隙率的变化起控制作用,但高温(650 ℃)对油页岩孔隙率的贡献微小,而有利于孔径分布向中大孔扩展。

基于全尺度孔隙率数据进行拟合,发现两组油页岩孔隙率随温度变化均符合 logistic 函数,拟合方程如下。

抚顺油页岩:

$$\varphi = 26.531 - 24.06/[1 + (T/379.716)^{10.629}] \qquad R^2 = 0.986 \qquad (3\text{-}10)$$

新疆油页岩:

$$\varphi = 39.022 - 37.093/[1 + (T/370.871)^{6.577}] \qquad R^2 = 0.996 \qquad (3\text{-}11)$$

3.6 本章小结

本章通过低温氮吸附实验及高压压汞实验研究了抚顺与新疆油页岩孔裂隙结构特征,以及其在 23~650 ℃ 范围内随热解升温的演化规律,并结合两种实验结果提出了全尺度的油页岩孔隙结构特征的联合表征方法,得到以下主要结论。

(1)低温氮吸附实验结果表明:抚顺油页岩等温吸附线为 Ⅰ 型与 Ⅳ 型的组合,孔隙形态在 23~400 ℃ 时为圆筒形,在 500 ℃ 时转变为以狭缝形为主,孔径分布呈单峰态;比表面积在 23~200 ℃ 区间有小幅增加,之后呈现先增后降的变化规律,500 ℃ 为其拐点,之后缓慢降低直到 650 ℃。新疆油页岩等温吸附线为 Ⅰ 型,孔隙形态以圆筒形为主,其中 300~400 ℃ 时以狭缝形为主;在 23~200 ℃ 区间孔径分布呈多峰态集中于 2~4 nm 的微孔区,300~400 ℃ 区间呈单峰分布,500~650 ℃ 区间出现了双峰分布,且过渡孔峰值随温度升高向右偏移;比表面积在 23~200 ℃ 之间变化不大,在 200~400 ℃ 之间大幅增加并在 400 ℃ 时达到极大值,在 500 ℃ 时急剧降低,在 500~650 ℃ 之间变化不大,但总体高于低温段。

(2)温度作用下的油页岩孔隙结构及孔隙表面均具有良好的分形特征。孔隙结构分形显示抚顺油页岩的分形维数 D_{FHH} 随温度变化呈波浪式变化,拐点分别位于 300 ℃、500 ℃、600 ℃ 处。新疆油页岩的分形维数 D_{FHH} 曲线随温度变化呈开口向下的抛物线形,两翼平缓、中间区域增高,400 ℃ 时达到整个温度区间的最大值。依据 Tang 模型,孔表面分形维数 D_S 随温度变化先持续增加,到 400 ℃ 时开始小幅波动,300 ℃ 为其拐点;新疆油页岩的 D_S 的变化趋势与 D_{FHH} 相比,差异主要是在 23~200 ℃ 区间已产生较大幅度上升,之后变化趋势相一致。无论是 D_{FHH} 还是 D_S,抚顺、新疆两地油页岩分别在 300 ℃ 和 400 ℃ 出现了突变点。该温度点对应油页岩中干酪根分解的临界温度,但不完全一致,温度作用使颗粒结构发生调整,使有机质软化变形并开始热解,无论是孔隙表面形态还是空间结构均产生较大变化,从而导致分形维数变化较大。

(3)根据高压压汞实验结果,抚顺油页岩及新疆油页岩的孔径-孔体积分布曲线在 23~300 ℃ 呈反 S 形,体现的是孔隙结构中微孔、小孔及大孔发育,中孔不发育,孔隙连通性较差;而在 400~650 ℃ 则呈 S 形,反映出孔隙结构中中孔发育,而微孔、小孔和大孔发育性差,孔径分布较集中。抚顺油页岩在热解温度低于 400 ℃ 时,孔隙分布主要集中在 <100 nm 和 100 μm 处的两个区间,均呈半峰形态,孔隙均一性较差;在 400~650 ℃ 区间孔径分布出现一主一次两个显著的峰值,且随着温度的升高峰值点向左移动,峰值对应的孔径分别由 400 ℃ 时的 77.1 nm、5.2 nm 变为 600 ℃ 时的 120.7 nm、40.3 nm,到 650 ℃ 时孔径分布进一

步集中,只在 151.1 nm 处出现一个峰值,孔隙连通性逐渐变好。新疆油页岩的孔径分布在热解温度低于 400 ℃时和抚顺油页岩类似,以半峰形态分布于微孔和大孔两侧;在 400 ℃时变为单峰分布,对应的孔径为 553.2 nm;在 400～650 ℃区间,峰值持续左移,这说明温度作用下孔径变大。

(4) 采用数学方法,对低温氮吸附及高压压汞两种测试结果进行孔径分布联合表征,获得更大尺度范围的孔隙结构分布规律。

抚顺油页岩在 400 ℃前各阶段孔容变化较小,在 400～500 ℃以微孔、过渡孔增长为主,而在 600～650 ℃则以中孔、大孔增长为主。400 ℃开始微孔孔容呈现先增后减的变化趋势;过渡孔孔容在 400 ℃时大幅增长到常温状态的 11.5 倍,其后在较高占比下发生波动;中孔孔容以指数形态加速增长直到 600 ℃后缓慢增长;大孔孔容随温度变化微弱;650 ℃时微孔、过渡孔孔容减小而中孔、大孔孔容增加。新疆油页岩在 300 ℃时各阶段孔容即有小幅增长;在 400 ℃时微孔孔容小幅增长到整个温度区间的最大值,其后缓慢降低;过渡孔孔容在 400 ℃时降低到整个温度区间的最小值,其后缓慢增长直到 600 ℃,650 ℃时又呈下降趋势;中孔孔容变化尤其明显,400 ℃时大幅增加,400～600 ℃时稳定增长,650 ℃时呈下降趋势;大孔孔容变化趋势与抚顺油页岩相似,但 650 ℃时增幅较大。

两组油页岩孔隙率随热解终温变化曲线呈 S 形,低温段和高温段变化缓慢,而中间段(400 ℃左右)变化剧烈,曲线拟合显示其符合 logistic 函数分布。抚顺油页岩孔隙率在 23～200 ℃区间小幅增大,在 200～300 ℃区间小幅降低,在 300～600 ℃区间持续增长并在 600 ℃时达到整个升温区间的最大值,在 600～650 ℃区间变化微弱。新疆油页岩孔隙率在整个升温区间持续增长,其中在 300 ℃前小幅增长,在 300～600 ℃区间持续增长,在 650 ℃时增幅变小。

(5) 油页岩孔隙结构的演化,其本质是油页岩内部有机物和无机物在温度作用下发生物化反应的结果,温度作用造成油页岩孔隙结构的重新分布:23～350 ℃,温度作用使油页岩内部孔隙中的自由水脱除,同时使无机矿物在热应力作用下产生微调整,此过程对孔隙结构的影响相对较小,主要为微孔的产生及微裂隙扩展;350～550 ℃,油页岩中有机物大量热解形成孔隙空间,气体产物的压力作用也起到了"扩孔"作用,此外热应力作用导致无机矿物骨架破裂而形成孔裂隙,多重因素作用下孔隙形态及结构发生重大改变;550～650 ℃,大部分有机质热解完成,温度作用下部分碳酸盐矿物分解、热应力作用下矿物骨架形成孔裂隙的同时,因骨架强度不足孔隙间产生坍塌、堵塞也损失了一部分孔隙空间,从而使孔隙参数在 600 ℃之后趋于稳定。此外,各地油页岩因地质历史作用、矿物组成、变质程度的差异,有机质的热解过程、无机矿物的温度响应也不相同,从而造成孔隙结构演化规律存在区域性差异,这也是油页岩原位开采所需注意的问题。

4 基于低场核磁共振的油页岩热解孔隙连通规律研究

油页岩孔隙内流体的赋存状态及流动特征与油页岩孔隙结构,尤其是孔隙连通性密切相关,直接影响载热介质的流动行为和传热效率,更影响油气产物的扩散和流动行为。因此,关注油页岩原位开采过程中孔隙连通性及其演化规律尤为重要。康志勤等[130]利用高精度 CT 实验机对油页岩热解过程中孔裂隙结构进行了系统研究,并采用三维逾渗理论对多孔介质内部最大连通孔隙团的分布进行了判定。耿毅德[68]采用压汞法对温压耦合作用后抚顺油页岩孔隙结构进行了研究,得到了总孔隙率和有效孔隙率均随温度升高而增加的结论。上一章对微观尺度下油页岩原位热解后孔隙发育程度、扩展规律进行了深入研究。而油页岩原位热解过程中,热解产物在油页岩介质中的传输问题比较复杂。因此,需要在油页岩孔隙结构演化规律分析的基础上,对储集空间内的流体赋存状态以及渗流特征给予更多关注。

有关油页岩热解过程中孔隙连通性的研究,多以渗透性这一宏观指标进行测量与表征,而对油页岩孔隙结构的微细观表征关注不足[131]。随着低场核磁共振(NMR)技术的发展,核磁共振技术作为一种非常重要的储层分析、评价手段,已在石油地质及地球物理领域得到广泛应用。核磁共振技术主要通过对储层孔隙流体中氢核 NMR 信号的观测,根据得到的横向弛豫时间 T_2 谱的频率分布来间接反映孔喉体积,并选取合理的 T_2 截止时间划分流体的可动区间与不可动区间,从而定量研究油页岩储层的可动流体饱和度。核磁共振技术可以有效测量岩石中流体的特性。近年来,其应用范围逐渐由常规储层研究拓展到煤储层研究、页岩储层研究,但有关油页岩储层物性,特别是原位热解后流体的演化研究较少[132-133]。

由第 3 章分析可知,温度作用使油页岩孔隙形态、孔径分布等发生改变,反映在横向弛豫时间 T_2 上的束缚流体和可动流体特征也会因此而不同。基于此,可以通过核磁共振 T_2 谱对岩心孔隙内流体的赋存状态进行分析,进而分析孔隙间的连通性能以及温度响应。

本章结合前文孔隙结构随温度的演化研究结果,通过对原位热解后新疆、抚顺油页岩的 NMR 横向弛豫谱研究,定量反映流体微观渗流量和渗流特征,系统分析油页岩有效孔隙率、自由流体和束缚流体体积、渗透率等相关参数,利用核磁共振渗透率模型预测不同温度下流体运移特征,并探讨微观流体渗流特征的控制和影响因素。

4.1 低场核磁共振实验

4.1.1 样品准备

样品来源如第 2 章所述。现场取样后及时密封运至实验室,在实验室将样品加工成尺寸为 2 cm×2 cm×2 cm 的立方体试件。按照 2.1 节所述方法进行热处理,获得 23 ℃、

100 ℃、200 ℃、300 ℃、400 ℃、500 ℃、600 ℃、650 ℃下的油页岩样品,用于 NMR 实验。

4.1.2 实验原理

核磁共振的测试原理在于氢原子核具有净磁矩和角动量,当存在一个外部磁场时,流体分子中所含的氢核会被磁场极化。此时对试件施加一定频率的射频场,就会产生核磁共振现象[134-135]。当射频场撤除以后,激发态的氢核在孔隙中与孔隙壁产生碰撞,产生弛豫运动。氢核能量由高能状态变为低能状态,变化指标是随时间延长以指数函数形式衰减的信号[136],据此可得到不同孔隙结构试件的核磁共振弛豫时间。弛豫时间是核磁共振实验中一个重要参数,由岩石物性和流体特征共同决定。弛豫时间包含纵向弛豫时间(T_1)和横向弛豫时间(T_2),两者的分布基本相同[137],但相对纵向弛豫测试而言,横向弛豫的测试时间更短暂。因此,常采用 T_2 表征岩石孔隙中的信号衰减速度,NMR 横向弛豫时间 T_2 由体积弛豫时间(T_{2S})、表面弛豫时间(T_{2B})和扩散弛豫时间(T_{2D})组成,T_2 可以表示为[138]:

$$\frac{1}{T_2} = \frac{1}{T_{2S}} + \frac{1}{T_{2B}} + \frac{1}{T_{2D}} \tag{4-1}$$

本次实验使用的是低场核磁共振仪,磁场梯度可忽略不计,而对流体而言,T_{2B} 远大于 T_{2S},故表面弛豫时间和扩散弛豫时间可忽略不计,因此式(4-1)可简化为:

$$\frac{1}{T_2} \approx \frac{1}{T_{2S}} = \rho_2 \frac{S}{V} \tag{4-2}$$

式中 ρ_2——岩石横向表面弛豫强度,nm/ms;

S——岩石孔隙总表面积,nm²;

V——岩石孔隙体积,nm³。

由于较小的孔隙具有较高的 S/V 值,氢核在越小的孔隙中做横向弛豫运动时与孔壁的碰撞就越频繁,其能量损失也越快,对应的横向弛豫过程也越短。故横向表面弛豫时间与孔隙半径成正比[139]。因此,可以利用这一关系,通过核磁共振实验来研究油页岩内部孔隙大小及连通性。

4.1.3 实验仪器与方法

本次实验所用仪器为纽迈 MicroMR12-025V 型核磁共振分析仪,设备如图 4-1 所示,主要由永久磁体、探头、脉冲发生器、射频接收器、数字采集单元、动态屏蔽磁场梯度装置、应用软件等组成。仪器共振频率 SF＝11.793 MHz,探头线圈直径 D＝25 mm,磁体温度范围:35.00 ℃±0.02 ℃。

在核磁共振 T_2 谱测试前,将试件在室温下抽真空 24 h,以去除试件中的残留水分,并放入干燥箱内干燥至恒重后称量试件干重;然后将试件放入真空饱和装置 12 h,以达到100%的饱水状态,称量试件湿重,计算试件孔隙率。将饱和后的试件置于核磁共振分析仪的探头内,进行饱水核磁共振实验,通过反演计算获得饱水状态下横向弛豫时间 T_2 谱。在完成饱水试件核磁共振测试后,以 6 500 r/min 的转速对试件进行高速离心处理,以排出其中的可动水,对离心后的试件再次进行核磁共振测试。

核磁共振实验 T_2 谱分析时采用 CPMG 序列,其主要参数为:回波间隔 TE＝0.1 ms,重复采样间隔 TW＝1 500 ms,回波个数 NECH＝2 000 个,累加采样次数 NS＝128 次。

图 4-1 MicroMR12-025V 型核磁共振分析仪

4.2 基于低场核磁共振的孔隙连通性分析

由核磁共振弛豫机理可知，弛豫时间随介质中流体所处孔隙类型不同而不同，在 T_2 谱曲线上的分布位置亦不相同。根据 T_2 谱图信号峰值的分布，可以判断油页岩孔隙隙的发育特征，峰值位置反映孔径的大小，峰的面积反映孔体积的大小，峰的宽度反映孔隙的分布情况，峰的个数反映各级孔隙的连续情况。离心前后两组油页岩的核磁共振信息如表 4-1 所示，以下对实验结果进行详细分析。

表 4-1 抚顺、新疆油页岩 NMR 样品信息

热解终温 / ℃	抚顺油页岩			新疆油页岩		
	饱和水峰面积	束缚水峰面积	可动水峰面积	饱和水峰面积	束缚水峰面积	可动水峰面积
23	4 572.47	3 530.54	1 041.93	2 719.33	2 258.84	460.49
100	5 225.37	4 245.38	980.00	2 514.21	2 058.61	455.59
200	6 305.91	5 062.28	1 243.63	2 890.80	2 325.09	565.71
300	6 149.56	4 713.38	1 436.17	5 528.94	4 190.68	1 338.27
400	15 291.23	10 333.52	4 957.71	18 625.68	11 351.29	7 274.39
500	18 635.80	10 524.67	8 111.12	24 646.81	11 409.22	13 237.59
600	24 240.91	13 119.28	11 121.63	27 454.42	10 588.25	16 866.17
650	23 695.66	12 361.84	11 333.82	29 084.04	12 354.49	16 729.54

4.2.1 抚顺油页岩孔隙连通性分析

依据抚顺油页岩离心前后的核磁共振横向弛豫时间 T_2 测试结果，可得到不同温度下抚顺油页岩饱和水和束缚水图谱，如图 4-2 所示。在 23～650 ℃温度区间内，饱和水状态下 T_2 谱峰呈双峰分布，由前文孔隙结构分析结果可知，孔隙以 <1 μm 孔隙为主，大孔部分发育，这与核磁共振饱和水 T_2 谱双峰分布具有高度的一致性，所以本章可采用上一章的研究结果进行深入分析。

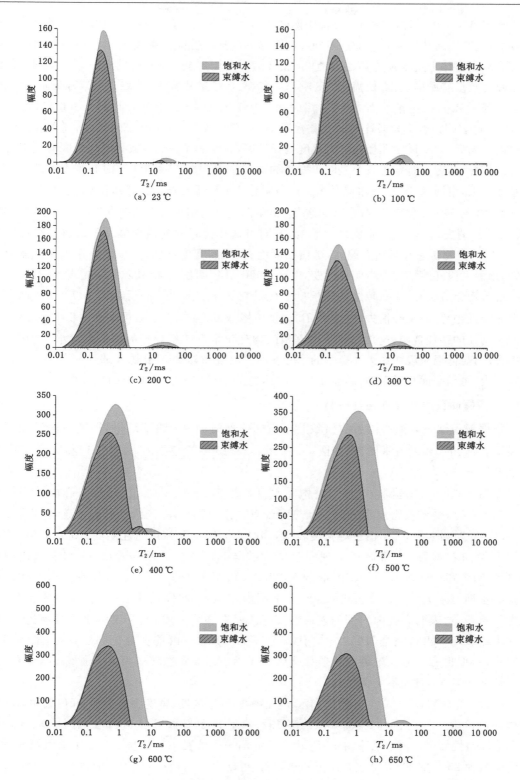

图 4-2　不同温度下抚顺油页岩饱和水和束缚水 T_2 谱

当温度≤300 ℃时,饱和水 T_2 谱中两峰为相互孤立状态,这表明不同级别孔径间的连通性较差,温度升高并不能有效促进不同尺度孔隙间的连通性能。由表 4-1 可知,饱和水峰面积随温度升高整体上呈增加趋势,由 23 ℃时的 4 572.47 增加至 300 ℃时的 6 149.56,此温度区间内孔隙的数量有所增长,增长幅度为 34.49%。离心后核磁共振 T_2 谱峰仍呈双峰分布,从整体上看可动水峰面积逐渐增加,由 23 ℃时的 1 041.93 增加至 300 ℃时的 1 436.17,增幅为 37.84%,这表明该温度阶段连通的孔隙数量增加。300 ℃时,左峰的宽度增加,说明孔隙结构受温度影响后,由小尺度孔径向更大尺度孔径扩展,温度在促进孔隙数量增加的同时也促进了孔隙的扩展,两者在时空关系上是同步发生的动态过程。离心后 300 ℃时右侧大孔隙束缚水峰基本消失,束缚水 T_2 谱呈单峰分布。这表明受热解作用影响,大孔隙间的连通性得到改善。

在 400~500 ℃温度范围内,饱和水 T_2 谱中两峰之间相互孤立状态发生改变,两峰之间的 0 信号区间消失,这表明受原位热解影响,不同级别孔径间的连通性能明显改善。在温度>300 ℃以后主峰位置逐渐向右偏移,峰值幅度增高,峰的宽度增加;由核磁共振弛豫机制分析可知,该温度段孔隙结构发生明显改变,出现了峰值孔径明显增加、孔隙数量增多、孔径分布范围扩展等现象,这与前文孔隙结构随温度变化研究结果一致。离心后束缚水 T_2 谱主峰出现了显著降低趋势,右侧峰消失,束缚水 T_2 谱呈单峰分布。400 ℃以后可动水面积大幅度增加,出现了明显的跃迁现象,这是热解阶段剧烈的物理化学反应所导致的。由束缚水 T_2 谱峰还可以得出,与低温阶段相比大孔隙中的水分基本可以脱除,同级别孔隙连通性显著增强。该温度范围内,可动水面积显著增加,至 650 ℃时达到 11 333.82,为 23 ℃时的 10.88 倍。

4.2.2 新疆油页岩孔隙连通性分析

依据新疆油页岩离心前后的核磁共振横向弛豫时间 T_2 测试结果,得到不同温度下新疆油页岩饱和水和束缚水图谱,如图 4-3 所示。23~650 ℃范围内,总体上饱和水状态下 T_2 谱呈双峰分布。

在温度≤300 ℃范围内,23 ℃时饱和水 T_2 谱双峰间存在 0 信号区间,孔隙连通性较差。100 ℃时,受矿物自由水分蒸发和热膨胀双重作用影响,不同级别孔隙的连通性得以改善。200 ℃时,饱和水 T_2 谱主峰宽度收窄,同时不同级别孔隙连通性变弱。300 ℃时,主峰位置开始向右偏移,峰值面积出现明显增大趋势。由表 4-1 可以看出,饱和水峰面积由 23 ℃时的 2 719.33 增加至 300 ℃时的 5 528.94,增幅为 103.32%,这表明在热解开始之前孔隙数量即有较大变化。在温度<300 ℃范围内,离心后右侧束缚水 T_2 谱峰基本消除,峰形态呈单峰,这表明大孔隙内部的连通性较好。而在 300 ℃时,两个束缚水峰虽有连接,但右侧束缚水峰并没有完全消失。笔者认为这与孔裂隙在热解前夕变化剧烈有关,虽然部分孔隙连通,但也有部分孔隙因有机质软化堵塞作用由连通状态转变为半连通或不连通状态,两者虽同步发生,但为不协调过程。

温度>300 ℃,从 400 ℃开始饱和水 T_2 谱峰的峰值高度、宽度明显增加,峰位置明显向右偏移,两峰间的 0 信号区间消失。这表明在热解作用下,孔隙数量增多,孔径范围扩大,不同级别孔隙连通性增强。离心后束缚水 T_2 谱右侧峰消失。由表 4-1 可知,400 ℃可动水峰面积为 7 274.39,为 23 ℃时的 15 倍左右。至 650 ℃时,可动水峰面积达到 23 ℃时的 36 倍。由以上实验结果可知,热解作用在促进孔隙数量增加的同时,也使得孔隙连通性显著改善。

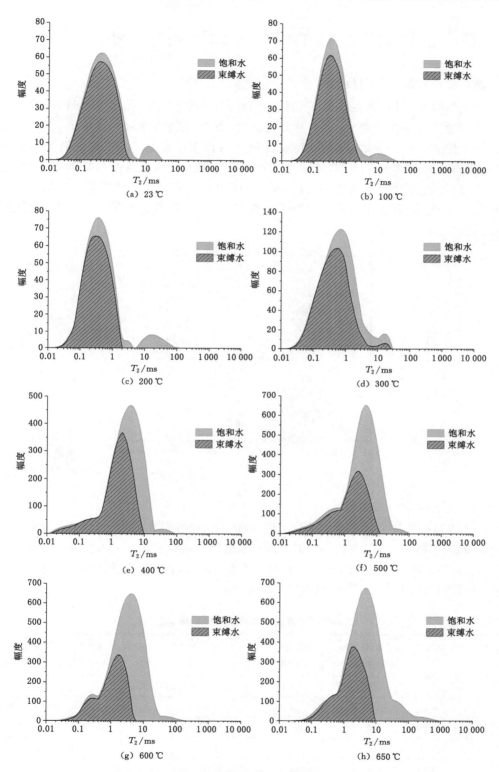

图 4-3 不同温度下新疆油页岩饱和水和束缚水 T_2 谱

4.3 基于低场核磁共振的储层流体可动性分析

4.3.1 油页岩可动流体 T_2 截止值

通过上节分析可知,核磁共振 T_2 谱与孔径分布相对应。当孔径较小时,孔隙中的流体被毛细管力束缚而无法流动;而当孔径较大时,孔隙中的流体可自由流动。因此,反映在 T_2 谱图上存在一个弛豫时间界限,也即可动流体 T_2 截止值,T_2 截止值可由饱和水 T_2 谱和离心后的束缚水 T_2 谱获得。常用作图法求取 T_2 截止值[140],具体方法为:对离心前后的 T_2 谱分别作累计孔隙率曲线,从离心后的 T_2 谱累计孔隙率曲线最高点处作平行于横轴的直线,交离心前的累计曲线于一点,自交点引垂线到横轴,其与横轴的交点即 T_2 截止值,如图 4-4 所示。

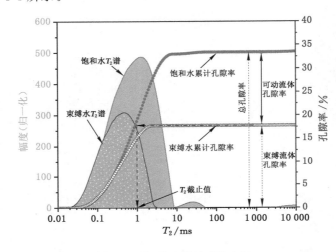

图 4-4 T_2 截止值的求取方法

图 4-4 为以抚顺油页岩 650 ℃试件为例,所作的离心前后 T_2 曲线及截止值求解图。图中橙色区域表示离心后的束缚水 T_2 谱。饱和水信号与束缚水信号的差值即图中的灰色部分,表示油页岩孔隙中的自由水信号。利用上述方法求得试件的 T_2 截止值为 0.98 ms。同理可获得所有试件的 T_2 截止值,见表 4-2 和表 4-3。

表 4-2   抚顺油页岩核磁共振孔隙参数

热解终温 /℃	孔隙率 /%	束缚流体孔隙率/%	可动流体孔隙率/%	束缚流体饱和度/%	可动流体饱和度/%	氮气渗透率 /(10^{-3} μm^2)	T_2 截止值 /ms
23	6.48	4.98	1.50	76.85	23.15	0.17	0.42
100	7.37	5.99	1.38	81.25	18.75	0.14	0.65
200	8.93	7.15	1.78	80.12	19.88	0.36	0.67
300	8.71	6.66	2.05	76.45	23.55	2.76	0.57
400	21.61	14.57	7.04	67.44	32.56	4.36	0.98

表 4-2(续)

热解终温 /℃	孔隙率 /%	束缚流体 孔隙率/%	可动流体 孔隙率/%	束缚流体 饱和度/%	可动流体 饱和度/%	氮气渗透率 /(10⁻³ μm²)	T_2 截止值 /ms
500	26.31	14.84	11.47	56.42	43.58	17.29	0.93
600	34.19	18.56	15.63	54.29	45.71	18.82	0.82
650	33.53	17.78	15.75	53.02	46.98	19.14	0.98

表 4-3　新疆油页岩核磁共振孔隙参数

热解终温 /℃	孔隙率 /%	束缚流体 孔隙率/%	可动流体 孔隙率/%	束缚流体 饱和度/%	可动流体 饱和度/%	氮气渗透率 /(10⁻³ μm²)	T_2 截止值 /ms
23	3.85	3.19	0.66	82.81	17.19	0.23	1.36
100	3.55	2.90	0.64	81.88	18.12	0.15	0.86
200	4.08	3.29	0.79	80.63	19.37	0.49	0.84
300	7.80	5.91	1.89	75.80	24.20	7.31	1.40
400	26.27	16.01	10.26	60.94	39.06	21.38	3.83
500	34.77	16.09	18.68	46.28	53.72	38.11	3.42
600	38.72	14.93	23.79	38.57	61.43	41.25	2.16
650	41.10	16.41	24.69	39.93	60.07	42.03	3.05

根据计算结果可知,23~650 ℃温度范围内抚顺油页岩 T_2 截止值在 0.42~0.98 ms 之间,新疆油页岩在该温度范围内的 T_2 截止值在 0.84~3.83 ms 之间。通过对比可知,抚顺油页岩 T_2 截止值普遍较低,由前文分析可知抚顺油页岩所含孔隙以微小孔为主,对流体的束缚作用较强,可动流体较少,从而导致 T_2 截止值整体偏低。此外,许多研究表明,T_2 截止值除与试件的孔隙结构有关外,顺磁性物质、孔喉比等因素也会对其产生影响,从而导致 T_2 截止值相应变化。

两组油页岩 T_2 截止值随温度变化关系分别如图 4-5 和图 4-6 所示。从图 4-5 和图 4-6 中可看出,整体上 T_2 截止值随温度升高均呈增大的趋势,并且出现波动性变化,峰值点都在 400 ℃,区别在于温度低于 300 ℃时曲线类型有差异,抚顺油页岩呈"凸"形,而新疆油页岩呈"凹"形,当温度大于 300 ℃以后曲线类型又基本相同,产生差异的原因下面将详细分析。

抚顺油页岩 T_2 截止值随温度变化关系如图 4-5 所示,从图中可以看出,随着温度升高 T_2 截止值逐渐增大,但存在两个明显的拐点,分别位于 300 ℃、600 ℃处。分析认为,T_2 截止值随温度的变化与其热解特性密切相关,由前文分析结果可知,350~550 ℃为抚顺油页岩有机质热解阶段。300 ℃时为热解前夕,受基质软化作用的影响,孔隙变化较剧烈,孔隙数量开始明显增多,而微小孔数量增加量要多于中孔、大孔,从而导致 T_2 截止值在增长过程中出现了第一个降低值,数据曲线为"凸"形。600 ℃时 T_2 截止值降低的原因为,该温度下热解反应已基本完成,当有机质析出后,余下的黏土矿物在温度作用下出现了孔隙坍塌堵塞现象,孔隙出现闭合趋势,从而导致 T_2 截止值降低。

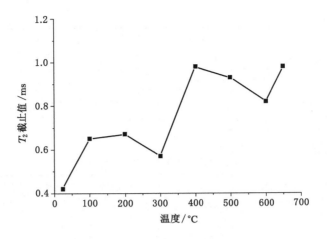

图 4-5　抚顺油页岩 T_2 截止值随温度变化关系

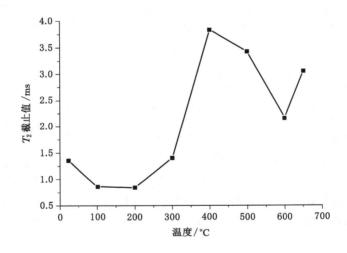

图 4-6　新疆油页岩 T_2 截止值随温度变化关系

新疆油页岩 T_2 截止值随温度变化关系如图 4-6 所示。在 300 ℃之前，T_2 截止值呈"凹"形分布，在热膨胀应力及外部束缚应力双重作用下，原生孔隙或微裂隙闭合，初期的 T_2 截止值降低；随着温度升高，从 200 ℃开始，T_2 截止值又开始增大，这是由于热膨胀应力导致晶体和胶结物之间产生拉伸现象，原生孔隙或微裂隙张开，T_2 截止值增大。600 ℃时，新疆油页岩 T_2 截止值降低的机理与抚顺油页岩相同。

4.3.2　温度对油页岩孔隙率的影响

一般而言，多孔材料中的孔隙包含连通孔隙与封闭孔隙两类。由核磁共振弛豫机制可知，核磁信号强度是流体氢核数的具体表征，而氢核数量又是流体总量的体现，故可通过核磁共振测量油页岩的孔隙率。具体方法为：对试件饱和水 T_2 谱求累计信号幅度，将其标定为称重法所测孔隙率；对离心后的 T_2 谱求累计信号幅度，将其标定为束缚水（束缚流体）孔隙率；总孔隙率与束缚水孔隙率之差即可动水（可动流体）孔隙率。

按照文献[141]结果,核磁孔隙率也可由其各组成部分按相对饱和度进行表征:

$$\varphi_B = \varphi_{NMR} \frac{BVI}{BVI + FFI} \tag{4-3}$$

$$\varphi_F = \varphi_{NMR} \frac{FFI}{BVI + FFI} \tag{4-4}$$

式中　φ_{NMR}——核磁孔隙率,%;

　　　φ_B——束缚流体孔隙率,%;

　　　φ_F——可动流体孔隙率,%;

　　　BVI,FFI——束缚流体饱和度和可动流体饱和度,%。

如图4-4所示,将离心前后的T_2谱转化为饱和水和束缚水状态下的累计孔隙率,所得孔隙率分别对应于BVI+FFI总孔隙率(φ_{NMR})和BVI孔隙率(φ_B)。FFI孔隙率(φ_F)则等于φ_{NMR}与φ_B之差。两组油页岩孔隙率相关参数计算结果分别见表4-2和表4-3。

(1)抚顺油页岩孔隙率随温度变化特征

根据表4-2中数据可得抚顺油页岩孔隙率随温度变化关系曲线,如图4-7所示。三组孔隙率参数整体上随着温度的升高而不断增大,不同阶段的增幅不同。从图中可以看出,各孔隙率数值在300 ℃以前缓慢增长,三者增加趋势基本相同。与23 ℃时相比,300 ℃时φ_{NMR}增加了34.4%,φ_B增加了33.7%,φ_F增加了36.7%,这表明在有机质热解之前φ_B、φ_F对φ_{NMR}增加都有促进作用。300 ℃以后由于热解作用的影响,三组孔隙率参数快速增加,至600 ℃时φ_{NMR}相较23 ℃时增加了4.27倍,φ_B相较23 ℃时增加了2.73倍,而此温度范围内可动流体孔隙率增加幅度最大,φ_F增加了9.42倍。当升温至650 ℃时,三组孔隙率参数虽然略有降低,但仍然维持在高位,φ_{NMR}、φ_B、φ_F分别为33.53%、17.78%、15.75%,远大于初始温度时的数值。由以上分析可知,温度的升高利于孔隙率增加,在热解区域内,孔隙率的增加以φ_F贡献为主,该温度段有利于流体的运移。

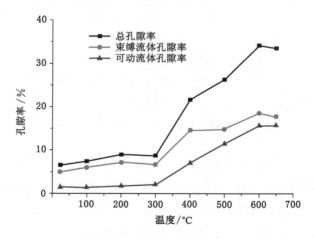

图4-7　抚顺油页岩孔隙率随温度变化关系

由图4-8可知,可动流体饱和度随温度升高逐渐增大,500 ℃时增速减缓,到650 ℃时可动流体占比47%,孔隙连通性得到显著改善。结合图4-7可以看出,虽然φ_B和φ_F随温度升高均在增大,但两者并不同步,升温热解使油页岩孔隙扩展的同时,也使孔隙间的连通性得到改善,从而促进了渗透率的大幅增加,如表 4-2 所示。

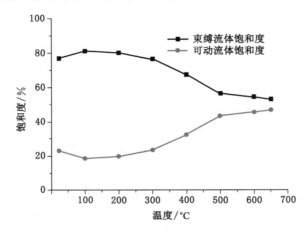

图 4-8　抚顺油页岩束缚流体饱和度与可动流体饱和度随温度变化关系

（2）新疆油页岩孔隙率随温度变化特征

新疆油页岩孔隙率随温度变化的特征参数见表 4-3。依据表 4-3 可以得到孔隙率随温度变化特征曲线,如图 4-9 所示。

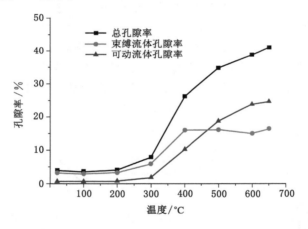

图 4-9　新疆油页岩孔隙率随温度变化关系

从图 4-9 中可以看出,新疆油页岩 φ_{NMR} 随温度变化可分为两个阶段。温度低于 200 ℃ 时,φ_{NMR} 增长缓慢,温度对油页岩的作用主要是自由水的脱出,有机质的膨胀变形以及因矿物热膨胀系数不同所引起的孔隙结构变化不明显。至 300 ℃ 时,孔隙率快速增加,与 23 ℃ 时相比孔隙率增长 1.03 倍,该温度是孔隙率变化的拐点。300 ℃ 后,φ_{NMR} 增加更为迅速,至 650 ℃ 时,φ_{NMR} 达到了 41.10％,与 23 ℃ 时相比,φ_{NMR} 增加了 9.68 倍。φ_B 和 φ_F 随温度变化趋势在 300 ℃ 以前与 φ_{NMR} 相同,而在 300 ℃ 以后曲线形态产生了明显的差异。φ_B 在 400 ℃ 以后变化幅度不大,维持在 16％ 左右。φ_F 则与 φ_{NMR} 变化趋势相同,随温度升高持续增大,这表明温度升高利于可动流体的运移。相较抚顺油页岩,新疆油页岩 φ_F 增加的幅度更大。

　　图 4-10 为饱和度随温度变化关系图。从图中可以看出,可动流体饱和度随温度升高整体上呈增大趋势,温度低于 300 ℃时增加缓慢;温度高于 300 ℃时,可动流体饱和度增加幅度变大,在 650 ℃时可动流体饱和度已达 60.07％,远高于 23 ℃时的 17.19％。束缚流体饱和度则随温度升高呈下降趋势,温度拐点仍在 300 ℃,高于此温度束缚水饱和度快速降低。由实验结果可知,在热解温度范围内,可动流体饱和度占比整体上随温度升高逐渐增大,孔隙的连通性增强,温度升高利于新疆油页岩的热解产物的运移。

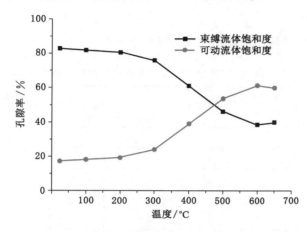

图 4-10　新疆油页岩束缚流体饱和度与可动流体饱和度随温度变化关系

4.4　基于低场核磁共振实验的渗透率模型评价

　　渗透率是表征油页岩储层渗透特性的重要参数,它直接决定着油气产量。随着核磁共振测井技术的发展,核磁共振技术除了在孔隙结构分析上得到广泛应用外,在渗透率预测方面也取得长足进展,但在油页岩特别是温度影响下的渗透率预测方面应用较少。本节以抚顺、新疆油页岩为研究对象,通过渗透率与核磁共振特性间的相关性分析,借助渗透率模型估算温度作用下油页岩的渗透率。

4.4.1　核磁共振预测渗透率模型

　　油页岩热解过程中,在热应力、有机质热解、无机矿物分解等物理化学综合作用下,内部孔隙结构产生相应变化,进而引起渗透率改变。核磁共振渗透率一般采用经验公式进行预测,综合前文和文献[142]研究结果,采用常用的 3 个核磁共振渗透率经验公式计算。

　　Coates 模型(自由流体模型):

$$k_1 = A_1 \varphi_{NMR}^4 \left(\frac{FFI}{BVI}\right)^2 \tag{4-5}$$

　　SDR 模型(也称为平均 T_2 模型):

$$k_2 = A_2 \varphi_{NMR}^4 T_{2m}^2 \tag{4-6}$$

　　PP 模型(也称为可动孔隙率模型):

$$k_3 = A_3 e^{\varphi_F/a_1} + b_1 \tag{4-7}$$

上述公式中，k_1，k_2，k_3 分别为三种模型的核磁共振渗透率，μm^2；A_1，A_2，A_3 和 a_1，b_1 为与油页岩特征相关的未确定系数；T_{2m} 为 T_2 分布的几何平均值，ms。

T_{2m} 计算公式：

$$T_{2m} = T_1^{\frac{n_1}{n_1+n_2+\cdots+n_{200}}} T_2^{\frac{n_2}{n_1+n_2+\cdots+n_{200}}} \cdots T_{200}^{\frac{n_{200}}{n_1+n_2+\cdots+n_{200}}} \qquad (4-8)$$

式中　i——T_2 谱上各点的序号；

　　　T_i——弛豫时间；

　　　n_i——信号幅度。

不同温度下两组油页岩核磁共振渗透参数见表 4-4。

表 4-4　不同温度下的油页岩核磁共振渗透参数

热解终温 /℃	抚顺油页岩		新疆油页岩	
	FFI/BVI	T_{2m}/ms	FFI/BVI	T_{2m}/ms
23	0.30	0.25	0.21	0.469
100	0.23	0.30	0.22	0.393
200	0.25	0.32	0.24	0.449
300	0.31	0.27	0.32	0.604
400	0.48	0.50	0.64	2.344
500	0.77	0.68	1.16	2.928
600	0.84	0.66	1.59	2.731
650	0.89	0.77	1.50	2.802

4.4.2　核磁共振预测渗透率模型结果分析

将表 4-4 中两组油页岩核磁共振渗透参数分别代入渗透率模型公式［式（4-5）至式（4-7）］，然后将不同温度下孔隙参数代入整理后的公式，可得 3 种模型渗透率数值，见表 4-5 和表 4-6，渗透率随温度变化关系曲线如图 4-11 和图 4-12 所示。

表 4-5　不同温度下抚顺油页岩核磁共振渗透率

热解终温 /℃	k_1 (Coates 模型) /mD	k_2 (SDR 模型) /mD	k_3 (PP 模型) /mD	k_g (实测) /mD
23	0.003 2	0.003 3	0.685	0.17
100	0.003 1	0.007 9	0.589	0.14
200	0.007 9	0.019 4	0.914	0.27
300	0.010 9	0.012 6	1.137	2.76
400	1.018 3	1.622 9	6.010	6.35
500	5.725 0	6.713 7	11.767	11.29
600	19.381 5	17.716 2	18.784	18.83
650	19.836 4	22.234 5	19.014	19.14

表 4-6　不同温度下新疆油页岩核磁共振渗透率

热解终温 /℃	k_1（Coates 模型）/mD	k_2（SDR 模型）/mD	k_3（PP 模型）/mD	k_g（实测）/mD
23	0.000 047	0.000 1	0.598	0.23
100	0.000 039	0.000 2	0.585	0.15
200	0.000 080	0.000 1	0.681	1.49
300	0.001 893	0.002 7	1.402	2.31
400	0.977 963	5.232 9	8.579	6.38
500	9.849 868	25.053 6	20.014	22.11
600	28.535 183	33.522 0	30.011	29.25
650	32.328 453	38.682 8	32.080	32.03

　　图 4-11 为抚顺油页岩核磁共振渗透率随温度的变化关系，由图可知，在 23～650 ℃ 的温度区间内，抚顺油页岩 3 种模型所得渗透率结果都随温度升高而增加，变化趋势基本相同，但是在具体的温度范围内，不同的模型估算所得的渗透率存在较大差异，因此需要对渗透率模型选择进行具体分析。在 23～300 ℃ 温度区间，Coates 模型和 SDR 模型求得的渗透率远低于实测渗透率，在 23 ℃ 时数值上相差 50 多倍，数据偏差较大，至 300 ℃ 时相差 250 倍左右，严重偏离了实测数值。虽然高于 600 ℃ 时模型估算渗透率与实测值基本相同，但其他的预测结果均不稳定。

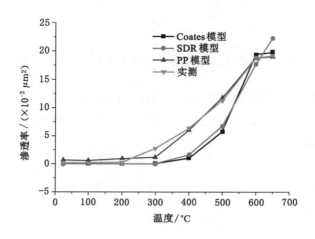

图 4-11　抚顺油页岩核磁共振渗透率随温度的变化曲线

　　对模型进行分析可知，Coates 模型以可动流体/束缚流体孔隙体积为基础，对束缚水模型的计算精度很敏感，可动流体和束缚流体孔隙体积的测定方法对渗透率的计算结果影响很大。油页岩孔隙结构复杂,存在大量的微观孔隙,这会导致束缚水的孔隙体积增加,因此求得的渗透率偏低。

而 SDR 模型以横向弛豫时间 T_2 的几何平均值 T_{2m} 作为参数,不受束缚水影响,但 T_{2m} 不能充分反映孔隙的分布状况,对于低渗的多孔介质可以应用,但对于温度作用后孔隙结构及渗透特征变化巨大的油页岩显然不适用。

对于所选用的 PP 模型而言,其预测结果整体上与实测值较为接近,而且在渗透率预测过程中采用的核心参数是 φ_F,能够真实反映油页岩试件的渗流特征。因此,本书采用 PP 模型预测不同温度下油页岩渗透率变化。

新疆油页岩所采用的 Coates 模型和 SDR 模型预测结果与实测渗透率结果相比(图 4-12),偏差更大,在 23 ℃时偏差已超 2 000 倍,只是在有机质热解过后才与实测结果相符,机理与前文抚顺油页岩的类似。因此,新疆油页岩渗透率预测也选用 PP 模型。

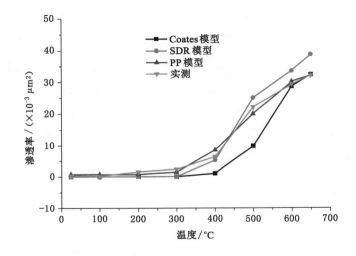

图 4-12　新疆油页岩核磁共振渗透率随温度的变化曲线

由以上分析可知,可以采用 PP 模型进行油页岩热解过程渗透率的预测。为了准确表达渗透率随温度的变化趋势,将 PP 模型预测的核磁共振渗透率和温度之间的关系进行多项式拟合,拟合关系式如下。

抚顺油页岩:
$$k_{NMR} = -9 \times 10^{-10} T^4 + 1 \times 10^{-6} T^3 + 4 \times 10^{-4} T^2 + 4 \times 10^{-2} T - 0.260\,3 \qquad (4\text{-}9)$$

新疆油页岩:
$$k_{NMR} = -2 \times 10^{-9} T^4 + 2 \times 10^{-6} T^3 + 6 \times 10^{-4} T^2 + 6 \times 10^{-2} T - 0.859\,8 \qquad (4\text{-}10)$$

上述拟合函数,相关系数的平方分别为 $R^2 = 0.996\,9$、$R^2 = 0.999\,2$,这表明在测试温度区间拟合的渗透率-温度关系曲线具有良好的相关性。两组油页岩渗透率与温度关系拟合曲线见图 4-13。从结果来看,PP 模型预测效果良好,能达到工程应用的要求。

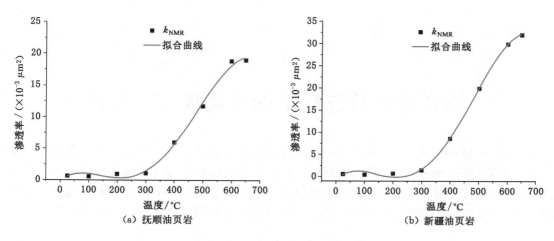

图 4-13　基于 PP 模型的油页岩渗透率与温度关系拟合曲线

4.5　本章小结

本章通过低场核磁共振实验,研究了 23～650 ℃温度范围内油页岩孔隙连通的演化特征、可动流体的运移规律,并结合核磁共振渗透率模型对不同温度下的油页岩渗透率进行了预测,得到以下主要结论。

(1)温度对油页岩孔隙连通性的变化起控制作用,孔隙的连通程度具有阶段性特征:温度≤300 ℃时,不同级别孔隙间的连通性较差,温度升高并不能有效改善不同尺度孔隙间的连通性能;温度>300 ℃时,同级别孔隙连通性增强,不同级别孔隙间的连通性能明显改善。

(2)在 23～650 ℃温度范围内,两组油页岩孔隙率随温度升高总体上呈增大趋势。23～300 ℃总孔隙率随温度升高缓慢增加,但增幅较小,总孔隙率的增加以可动流体孔隙率贡献为主。当温度>300 ℃时,总孔隙率、束缚流体孔隙率及可动流体孔隙率均显著增大,束缚流体孔隙率和可动流体孔隙率对总孔隙率的增加均有贡献,但可动流体孔隙率对总孔隙率的增加起主要促进作用,这也说明了温度增加有利于油气产物的析出。

(3)对比实测渗透率与模型渗透率之间数值关系并考虑应用合理性,选用 PP 模型可以更好地表示渗透率与温度间的关系。

5 油页岩热解过程中的渗透规律实验研究

岩石作为一种多孔介质，其孔隙率和渗透率是表征储运能力的重要参数。就油页岩原位开发而言，孔隙率既是油页岩形成过程中有机质演化的结果，也是热解过程中影响传热及渗透的重要因素；而渗透率则从宏观上更为直接地反映了油页岩孔隙连通程度，直接影响传热介质（对流加热时）的传热效率以及油气产物的输运和采收效率，是油页岩原位开采的重要参数。

本章主要就油页岩热解过程渗透率的演化规律进行研究，利用太原理工大学自主研发的高温三轴渗透实验台，模拟抚顺、新疆两地油页岩原位热解，分析温度及压力作用下油页岩渗透特征，以及渗透率随温度、孔隙压力变化的演化规律及其机理，为油页岩热解数值模拟计算提供基础数据，为油页岩原位开采提供理论依据。

5.1 实 验 部 分

5.1.1 实验样品与设备

实验所用样品分别采自抚顺东露天矿与新疆吉木萨尔，为避免风化变质，所有样品在取样现场采用沥青密封。在实验室将样品加工成 50 mm×100 mm 的圆柱体标准试件，样品轴向平行于层理方向。样品加工后进行蜡封处理，待实验时再将端面封蜡去除。

本次实验使用太原理工大学自主研发的高温三轴渗透实验台，见图 5-1，图 5-2 为其实验原理图。

(a)   (b)

图 5-1 高温三轴渗透实验台

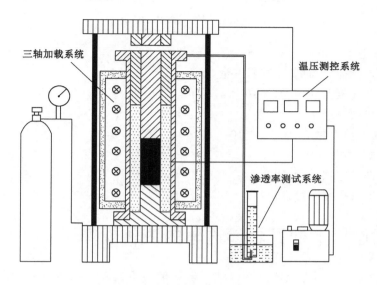

图 5-2 高温三轴渗透实验系统原理图

该实验台可以实现在高温和三轴压力条件下对标准圆柱体岩石试件的渗透特性进行测试。实验台主要由三部分组成：三轴加载系统、温压测控系统与渗透率测试系统。三轴加载系统由轴向加载系统和横向加载系统组成，最大压力为 25 MPa。温压测控系统的温度上限为 650 ℃，温度误差为 ±0.2 ℃。渗透介质所用流体为氮气，系统最大孔隙压力为 20 MPa；温度、压力、流量等实验参数通过计算机控制，相关实验数据自动采集。

5.1.2 实验方法与步骤

实验模拟埋深为 400 m 的油页岩储层在原位赋存状态下升温热解过程，取轴向压力为 10 MPa，围压为 12 MPa（侧压系数取 1.2）；在室温到 650 ℃的升温区间内，测定不同温度下孔隙压力分别为 1 MPa、1.5 MPa、2 MPa、2.5 MPa、3 MPa、4 MPa 时的渗透率，以及温度变化所引起的渗透率演化规律。

具体实验步骤如下：

（1）测量试件尺寸，将试件装入实验台反应釜内，密封试件并检查装置的气密性。

（2）模拟油页岩原位赋存状态，将轴向压力和围压加载到预定值并稳压；为避免试件损坏，加载过程中轴压与围压交替升高直至预定压力 10 MPa 与 12 MPa。

（3）保持轴压与围压不变，测试渗透率；以 1 ℃/10 min 的加热速率，依次升温到目标温度 100 ℃、200 ℃、250 ℃、300 ℃、350 ℃、400 ℃、450 ℃、500 ℃、550 ℃、600 ℃、650 ℃，保温 4 h 以确保试件的物理化学反应完全，然后进行渗透率测试。

（4）在各目标温度点，分别以 1 MPa、1.5 MPa、2 MPa、2.5 MPa、3 MPa、4 MPa 的孔隙压力注入氮气，待压力与流量稳定后测量 30 min 内氮气流量并记录数据，为消除实验误差，每个压力点进行 3 次测量。

（5）依据气体渗流达西定律，利用式（5-1）计算不同温度及孔隙压力下的油页岩渗透率。

$$k = \frac{2\mu p_0 Q_0 L}{A(p_1^2 - p_2^2)} \tag{5-1}$$

式中 k——渗透率，μm^2；

Q_0——p_0 条件下的气体体积流量，cm^3/s；

p_0——大气压力，取 1.01×10^5 Pa；

L——试件长度，mm；

μ——氮气动力黏度，取 1.8×10^{-5} Pa·s；

A——试件横断面积，mm^2；

p_1——进口孔隙压力，Pa；

p_2——出口孔隙压力，Pa。

5.2 温度作用下油页岩渗透率的演化规律

图 5-3 与图 5-4 分别为抚顺与新疆油页岩热解渗透实验前后试件对比图。由图可见，天然状态下两组油页岩试件均非常致密，在高温热解渗透实验后因有机质热解及无机矿物热破裂作用，其外观形态发生了较大变化，沿沉积方向产生一系列尺度不等的贯通性裂隙，形成了良好的油气渗流通道，这说明温度升高不仅使油页岩中的干酪根产生物理变化和化学反应而形成油气产物，而且在物理、化学作用下油页岩基质骨架产生破裂并逐渐贯通，为油气的逸出提供了通道，从而使油页岩原位开采成为可能。

（a）初始试件

（b）实验后试件

图 5-3 抚顺油页岩热解渗透实验前后试件

（a）初始试件

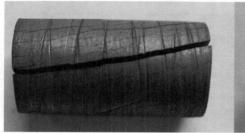

（b）实验后试件

图 5-4　新疆油页岩热解渗透实验前后试件

　　表 5-1 和表 5-2 分别为抚顺油页岩和新疆油页岩在不同温度和孔隙压力条件下,试件的渗透率计算结果。本次实验中,23～200 ℃温度区间,经测试未检测到渗流量,渗透率为0;故只对 200～650 ℃温度条件下的渗透率进行分析。根据表 5-1 和表 5-2,绘制不同孔隙压力下油页岩试件渗透率随温度的变化曲线,见图 5-5。

表 5-1　不同温度、不同孔隙压力下抚顺油页岩渗透率

温度/℃	渗透率/($\times 10^{-5}$ μm^2)					
	$p=1$ MPa	$p=1.5$ MPa	$p=2$ MPa	$p=2.5$ MPa	$p=3$ MPa	$p=4$ MPa
200	0.268 0	0.176 6	0.443 4	0.295 9	0.273 1	0.015 0
250	1.354 3	1.041 1	0.620 0	0.784 6	0.566 5	0.430 3
300	2.468 9	2.952 9	2.421 4	2.318 3	1.927 9	1.060 7
350	2.773 6	1.451 3	1.205 2	1.156 0	1.019 9	0.860 4
400	13.744 7	8.197 3	6.905 6	5.481 8	7.347 3	2.788 2
450	25.365 2	24.106 4	16.294 1	18.759 5	15.599 1	18.767 2
500	49.141 3	33.475 1	35.035 6	27.980 6	27.318 0	25.654 9
550	52.709 3	46.175 4	39.699 7	36.150 5	32.109 5	30.446 4
600	58.875 6	45.177 0	44.303 6	35.717 3	34.599 3	31.745 0
650	61.241 2	50.423 3	46.168 9	42.003 5	35.475 4	38.155 8

注:p—孔隙压力。

表 5-2　不同温度、不同孔隙压力下新疆油页岩渗透率

温度/℃	渗透率/($\times 10^{-5}$ μm^2)					
	$p=1$ MPa	$p=1.5$ MPa	$p=2$ MPa	$p=2.5$ MPa	$p=3$ MPa	$p=4$ MPa
200	7.070 8	5.972 2	4.682 8	6.929 0	4.213 1	2.588 4
250	8.777 7	7.054 0	6.349 9	6.227 2	5.443 4	3.955 3
300	12.699 6	10.117 3	9.634 8	9.729 6	6.902 6	7.509 7
350	19.661 3	14.872 7	15.314 9	9.292 9	7.446 9	7.180 1
400	41.070 3	32.978 9	18.226 8	13.726 6	11.667 8	9.773 1
450	55.938 8	59.926 3	47.608 9	30.585 7	33.576 6	25.462 5
500	82.041 4	62.295 0	56.515 6	53.300 6	44.278 1	46.920 2
550	86.588 6	66.135 4	65.838 7	58.701 0	49.974 0	45.945 0
600	83.138 2	75.061 9	66.956 2	56.672 5	54.176 9	56.232 7
650	88.723 3	74.380 1	68.329 2	67.061 1	54.353 3	49.480 1

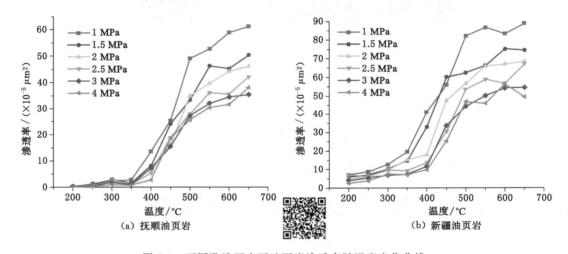

（a）抚顺油页岩　　　　　　　（b）新疆油页岩

图 5-5　不同孔隙压力下油页岩渗透率随温度变化曲线

由图 5-5 可以看出，油页岩试件渗透率随温度升高的变化规律为：200～350 ℃温度区间油页岩渗透率变化较小，其中 200～300 ℃温度区间两组油页岩渗透率均缓慢增长，但 300～350 ℃温度区间新疆油页岩渗透率小幅增大，而抚顺油页岩则小幅降低并在 350 ℃形成温度阈值；350～550 ℃温度区间，渗透率大幅增长；550～650 ℃温度区间，渗透率增速趋缓。

油页岩渗透率随温度升高所产生规律性变化的控制因素很多，包括有机质和热解产物的膨胀压力、无机矿物的分解、矿物骨架热破裂引起孔隙连通或/和堵塞，以及油页岩储层的地层压力、孔隙压力等。这些因素共同影响着油页岩渗透率的变化，且在不同温度区间对渗透性变化的影响程度不同。

（1）200～350 ℃温度区间，油页岩有机质并未达到热解温度，温度作用下干酪根发生软化变形，部分轻质气体逸出，自由水持续蒸发，组成矿物骨架的无机矿物颗粒因热膨胀变

形不同步而产生热应力,形成一定的孔裂隙,从而导致渗透率发生微弱变化。此区间内油页岩的孔隙率及渗透性的变化主要由物理变化引起,变化幅度不大,油页岩的力学性能相对稳定,地层压力对渗透率的影响不明显。其中抚顺油页岩在 300～350 ℃温度区间渗透率的降低,分析为黏土矿物在压力作用下的变形及干酪根软化对油页岩渗透通道产生的堵塞作用所引起的;而由第 3 章分析可知,新疆油页岩孔径普遍大于抚顺油页岩,且其矿物组成多为长石、石英及碳酸盐矿物等硬质矿物,在此条件下渗透率并未降低。

(2) 350～550 ℃温度区间,是油页岩渗透率增长的主要区间,主要由有机质热解所控制。温度达到油页岩干酪根热解温度,有机质大量分解析出,产物从矿物骨架中分离形成较多孔隙空间,这也是油页岩承载力降低的原因[143-144];同时,有机质急剧分解形成的大量油气产物使孔隙压力急剧增大,产物的逸出对渗透性孔隙形成扩孔作用或形成新的渗透通道;无机矿物因升温所导致的热应力不均而形成新的孔裂隙并随热量传递扩展贯通,从而使渗透率进一步增高。到 550 ℃时,有机物几乎完全热解。550 ℃时,抚顺油页岩各孔隙压力下测得的渗透率均达到终温 650 ℃时的 79％以上,新疆油页岩的渗透率达到其热解终温时的 80％以上。油页岩渗透率在该阶段急剧增长的这一趋势,与前文热重实验及孔隙率测试结果相一致,这说明有机质热解对孔隙结构尤其是孔隙连通性的促进作用主导了油页岩渗透率的增长。

(3) 550～650 ℃温度区间,油页岩中的有机质热解反应基本完成,油页岩渗透率的变化主要是压力条件下矿物基质热膨胀不均所引起的热应力以及无机矿物热反应导致的,如石英在 573 ℃发生 α/β 相变反应,引起膨胀性能的极大变化。该温度区间两组油页岩的反应有较大差异:抚顺油页岩中高岭石和伊利石等黏土矿物含量高达 42.7％,其中高岭石在 550 ℃、伊利石在 600 ℃开始脱羟基反应,羟基结构水的损失促进了孔隙通道的扩展;而新疆油页岩在该阶段还有少量有机质热解,钠长石 600 ℃开始分解,白云石 600～650 ℃衍射强度下降剧烈,有机质热解及无机矿物的分解贡献了一部分孔隙通道;另外,高温导致的热应力不均使部分孔隙扩展贯通,形成新的渗流通道。在孔裂隙渗透通道增加的同时,因孔隙结构增加和裂隙扩展,油页岩固体骨架强度降低,地层压力作用使得部分孔隙通道收缩、封闭甚至坍塌,又在一定程度上抑制了渗透率的增长。最终,由热破裂引起的孔隙通道的增加,与由孔裂隙通道坍塌、堵塞以及黏土矿物结构重组所引起的孔隙通道的减少,两者共同作用使油页岩在该温度区间的渗透率缓慢增大。

5.3 孔隙压力对油页岩渗透率的影响规律

采用气体进行渗透率测试时,其测试结果往往高于液体测试渗透率,表现出很强的压力依赖性。Klinkenberg[145]于 1941 年发现了这一现象,并把这一现象归因于气体在岩石孔隙中的滑脱效应,此即所谓的滑脱效应或 Klinkenberg 效应。滑脱效应认为,气体在低渗介质中渗流时,气体在孔道固体壁面上不产生吸附薄层,具有非零速度。此后,很多学者对 Klinkenberg 滑脱因子进行修正[146-149]。而部分学者则认为所谓的滑脱效应并不存在[150-151],之所以出现渗透率对压力的依赖性,是由于人们在利用式(5-1)进行渗透率计算时,往往把流体动力黏度取为常数,而实际上动力黏度与压力密切相关,是压力的函数。另一部分学者则基于克努森数($Kn=\lambda/D$)的取值对流体的流态进行了划分[152-154],认为气体渗流的滑脱效应与地层压力和储层物性有关，只在一定的 Kn 范围内适用。以上研究虽然对渗流机理持不同观点，但均认为孔隙压力是渗透率测试与计算中不可忽视的因素。本节就实验结果讨论孔隙压力对渗透率的影响规律。

图 5-6 为抚顺与新疆两地油页岩在不同温度测点，渗透率随孔隙压力增大的变化曲线。

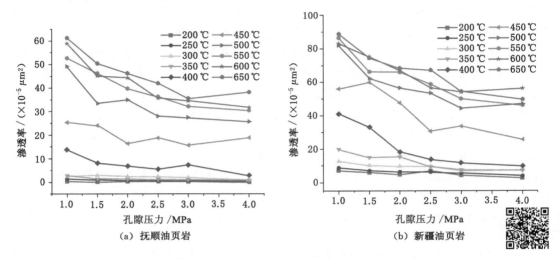

图 5-6　不同温度下油页岩试件渗透率随孔隙压力变化曲线

从图 5-6 中可以看出，抚顺油页岩渗透率在 400 ℃前随孔隙压力增加总体上趋减，变化微弱；在 450～650 ℃随孔隙压力增大以幂函数的趋势单调减小，不同温度下的渗透率变化率大致相同。新疆油页岩渗透率在 350 ℃前随孔隙压力增加持续降低，降幅较小；在 350～650 ℃随孔隙压力增大同样以幂函数的趋势单调减小，其中以 400 ℃时的渗透率变化最大，对孔隙压力的敏感性最强，450 ℃时的渗透率次之。同时可见，孔隙压力在 1～2.5 MPa 范围内，两组油页岩渗透率随孔隙压力的增加降幅较大；而当孔隙压力大于 2.5 MPa 时，渗透率随孔隙压力增加的变化幅度不大。

分析认为，油页岩渗透率随孔隙压力变化的上述规律，主要由气体分子与渗流孔道在压力条件下的相互作用所决定：文献[155]认为，滑脱效应的作用范围随围压、孔隙压力的变化而变化。对于低渗致密介质，当孔隙压力较小时，气体分子的平均自由程与渗流孔道尺寸相当，气体分子扩散可以不受碰撞影响而自由流动，显示出较强的滑脱效应，渗透率因此增大。而当孔隙压力增加到 2.5 MPa 以上时，滑脱效应消失，气体分子在高孔隙压力下在孔道表面逐渐形成吸附层，且随着孔隙压力增加吸附厚度增大，同时吸附膨胀在外载受限时向内压缩，使孔道变窄，从而限制了渗透；另外，随着孔隙压力增加，气体分子的平均自由程变小，分子间的碰撞变得频繁，气体的输运过程因此而变得缓慢，从而使渗透率降低。

5.4　温度-孔隙压力对油页岩渗透率的影响规律

综合以上分析可知，温度作用导致油页岩有机质及无机矿物发生物理化学反应，并因此使渗透率随温度升高呈阶段性增长；而高孔隙压力条件下，油页岩孔道表面对测试气体的吸附作用,形成吸附层的同时在吸附膨胀作用下孔道内缩,使得渗透率随孔隙压力的增加而呈降低趋势。温度和孔隙压力共同主导了热解过程中油页岩渗透率的变化,温度作用对油页岩渗透率的变化起控制作用,而孔隙压力的存在则抑制了渗透率的增长,在不同阶段各因素所起的作用各不相同。

通过渗透实验获得不同温度及孔隙压力下油页岩的渗透率,如表 5-1 和表 5-2 所示,渗透率随温度、孔隙压力的变化规律如图 5-7 所示。经二元函数拟合计算,获得测试范围内的渗透率随温度及孔隙压力变化的经验公式。

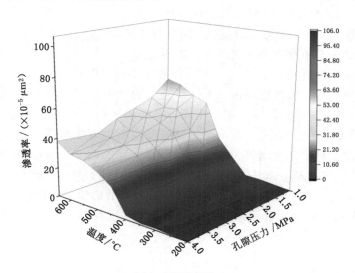

(a) 抚顺油页岩

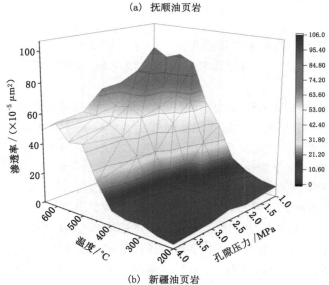

(b) 新疆油页岩

图 5-7　渗透率随温度、孔隙压力变化关系

抚顺油页岩:

$$k_i = 1.25 \times 10^{-6} \times T^{2.753} \times p^{-0.433} \qquad R^2 = 0.906 \qquad (5\text{-}2)$$

新疆油页岩：

$$k_i = 1.57 \times 10^{-4} \times T^{2.071} \times p^{-0.448} \qquad R^2 = 0.906 \qquad (5-3)$$

式中 k_i——油页岩的渗透率，10^{-5} μm^2；

  p——孔隙压力，MPa；

  T——温度，℃。

对比前人研究，温度-孔隙压力共同作用下的油页岩渗透率整体呈与温度正相关，与孔隙压力负相关的变化趋势。通过高温三轴渗透实验分析，赵静[66]利用渗透率变化率表征了油页岩渗透率对孔隙压力的敏感性，认为随孔隙压力增大，渗透率变化敏感性降低，350～450 ℃有机质热解阶段油页岩渗透率随孔隙压力变化的敏感性较大。董付科等[76]认为温-压作用下的油页岩渗透率存在温度阈值与孔隙压力阈值。李隽等[156]认为，300 ℃前油页岩渗透率极低且随温度升高变化微弱，450 ℃开始渗透率随温度升高呈指数形式快速增长，且孔隙压力对渗透率的增长起抑制作用。上述研究中油页岩渗透率随温度、孔隙压力的变化趋势相一致，但对其变化机理的解释不尽相同。本书测试结果与上述研究结果在变化趋势上大致相同，就其发生的机理，笔者认为渗透率随孔隙压力增加而降低除前述原因外，还可能与计算过程有关。根据邓强国等[157]的研究结果，氮气的黏度与温度、压力均呈正相关关系。而郭绪强等[158]通过建立基于 PR OES 的黏度模型，认为气体黏度随温度升高而减小，随压力升高而增大。鉴于目前并无相对统一的结论，本书仍依据达西定律，按式(5-1)进行渗透率计算，其中氮气的动力黏度取常数，从而可能导致高温、高压下的渗透率计算结果偏低。

5.5 本章小结

本章通过油页岩高温热解实时渗透实验，对抚顺、新疆两地油页岩渗透特征进行研究，分析了油页岩渗透率随温度、孔隙压力变化的演化规律，并对其渗透机理进行了探讨，得出主要结论如下：

（1）油页岩渗透率随温度升高呈规律性变化，受控于有机质和热解产物的膨胀压力、无机矿物的分解、矿物骨架热破裂引起孔隙连通性增强和堵塞等因素：200～350 ℃时渗透率变化较小，油页岩渗透性的变化主要由干酪根的软化变形、自由水的持续蒸发、无机矿物颗粒因热应力形成的微破裂等物理变化所引起。其中，抚顺油页岩在 350 ℃时因干酪根软化对渗透通道的堵塞作用而导致渗透率降低，而新疆油页岩因孔径较大则并无此现象。350～550 ℃温度区间，渗透率大幅增长，有机质大量分解形成的孔隙空间、油气产物热应力形成的扩孔作用、无机矿物的热破裂作用共同主导了渗透率的急剧增高。550～650 ℃温度区间，渗透率增速趋缓，渗透率的变化主要是压力条件下矿物基质内热应力以及无机矿物热反应所导致的，因矿物组成不同，抚顺、新疆两地油页岩在该温度区间产生的物理化学反应不同。

（2）渗透率随孔隙压力的增加总体上呈现先快速降低，后缓慢降低的趋势。在低温段（抚顺油页岩 400 ℃前、新疆油页岩 350 ℃前）渗透率随孔隙压力增加总体趋减，降幅不大；450～650 ℃温度区间，随孔隙压力增大，渗透率以幂函数形式单调减小，各温度条件下抚顺油页岩渗透率变化率一致性较高，而新疆油页岩在 400 ℃时的渗透率变化最大，对孔隙压力的敏感性最强。以 2.5 MPa 为界,低于此孔隙压力渗透率随孔隙压力的增加降幅较大,高于此孔隙压力则渗透率降幅平缓。渗透率随孔隙压力的变化规律,主要由气体分子与渗流孔道在压力条件下的相互作用所决定:孔隙压力低于 2.5 MPa 时,受滑脱效应影响,渗透率较高;随孔隙压力增加到 2.5 MPa,滑脱效应消失,气体分子的表面吸附及矿物基质的吸附膨胀使孔道变窄;随孔隙压力进一步增加,气体的输运过程因分子碰撞频繁而变缓,从而使渗透率降低。此外,高孔隙压力下渗透率的降低还可能与计算过程中的动力黏度取值有关。

(3) 通过函数拟合,建立了测试条件下油页岩渗透率随温度、孔隙压力变化的二元函数关系。

6 油页岩原位注热开采数值模拟研究

油页岩原位注热开采是将高温蒸汽注入油页岩储层中,使赋存其中的有机质受热分解为油气产物,同时油页岩矿物骨架产生复杂的物理化学变化,形成利于产物输运的渗流通道。对油页岩注热开采的实验研究因条件限制多以小尺寸试件为对象,而工业性试验目前并未展开,为更大规模地对油页岩注热开采进行物性研究,只能依托数值模拟计算,通过数值模拟来指导工程实践。

姜鹏飞[12]利用 Fluent 软件对高温氮气(500 ℃)加热油页岩的过程进行了二维仿真模拟,通过改变注氮流量来确定裂解油页岩所需要的时间。赵丽梅[34]建立了油页岩与煤地下共气化热开采的热流固耦合模型,分析了油页岩储层气化过程中温度场、渗流场以及应力场的动态分布规律。李强[19]以荷兰壳牌 ICP 技术为背景,利用 ANSYS 有限元计算软件进行了温度场变化分析。康志勤[72]通过系统的理论分析,建立了考虑固体变形、流体渗流以及热量传递的油页岩原位注热开采的热流固耦合数学模型,并通过有限元离散法进行了油页岩原位注热开采的数值模拟,计算过程考虑了相关物性参数随时间的变化,为分析原位注热开采的复杂物理化学过程提供了理论依据。李凯[160]依据太原理工大学提出的"九点法"布井技术,利用 COMSOL 有限元软件分析了热解油页岩储层的温度场、渗流场、应力场以及变形场的分布情况。Lee 等[160]模拟了蒸汽注入多级横向裂缝水平井系统中干酪根热解过程,对储层温度分布对水平井位置的敏感性进行了分析;并对温度场变化、干酪根组分变化、有效孔隙率和绝对渗透率演化等进行了分析。以上研究成果一定程度上弥补了其他研究手段的不足,但由于原位热解问题本身的复杂性,分析过程中涉及诸多物性参数,这些参数相互关联影响且通常随温度升高而发生变化。

本章基于前述章节实测结果及前人研究成果,建立油页岩原位注热开采的热流固耦合数学模型,并利用抚顺、新疆油页岩实测热力学参数分别进行原位注热开采数值模拟,分析油页岩原位注热过程中温度场、渗流场、位移场的动态分布规律,为油页岩原位注热开采提供参考依据。

6.1 热流固耦合数学模型及其数值求解

6.1.1 数学模型

(1)基本假设

油页岩注蒸汽开采是一个复杂的物理化学反应过程,涉及固体变形、有机质热解、岩石热破裂、多相渗流等多门学科的交叉。为真实反映油页岩原位开采的工程实际,其数学模型的建立应尽可能考虑多因素的影响而又不至于使求解过程过于复杂化,为此需要对复杂模型进行一定简化,本书引入以下基本假设:

① 相对注热蒸汽以及冷凝水而言,油页岩油气产物含量甚微,模型计算中可忽略流体产物的流动特征。

② 忽略水与水蒸气两相界面处表面张力的影响。

③ 不考虑热解的化学反应过程以及热解时间,孔隙率假定为温度的函数。

④ 储层中流体压力梯度与渗流速度遵循达西定律。

⑤ 流体与固体之间瞬间达到局部热平衡,在同一位置两者温度相同。

⑥ 水蒸气遵循气体状态方程:

$$\rho_g = \frac{Mp}{RTZ} \tag{6-1}$$

式中　M——水蒸气的分子量;

　　　R——摩尔气体常数;

　　　Z——压缩因子。

⑦ 水蒸气和水的密度、动力黏度、热导率、比热容是温度的函数。

⑧ 油页岩可简化为连续介质,满足弹性力学的本构方程,同时考虑热应力的影响。

（2）渗流方程

在油页岩原位注热开采过程中,需先对储层进行分段压裂,裂隙与孔隙中存在气液两相流,若将两相介质视为不可分离的两组分,则孔裂隙中的两相介质可处理为二元混合物,从而可以用统一的方程来反映气液两相的渗流规律。渗流方程可表达为:

$$\varphi \frac{\partial p}{\partial t} \left(\frac{MS_g}{RTX} + \beta S_w \rho_w \right) = \left(\frac{S_g Mp + S_w \rho_w RTZ}{S_g \mu_g RTZ + S_w \mu_w RTZ} \right) \left(k_x \frac{\partial^2 p}{\partial x^2} + k_y \frac{\partial^2 p}{\partial y^2} + k_z \frac{\partial^2 p}{\partial z^2} \right) \tag{6-2}$$

式中　φ——油页岩孔隙率,为温度的函数;

　　　t——时间;

　　　p——孔隙压力;

　　　ρ_g, ρ_w——水蒸气和水的密度;

　　　μ_g, μ_w——水蒸气和水的动力黏度;

　　　β——水的压缩系数;

　　　S_g, S_w——水蒸气和水的相对饱和度;

　　　k_i——渗透率,是温度 T 与孔隙压力 p 的函数。

（3）能量守恒方程

在原位注热开采中,油页岩储层中既包含固体矿物骨架,也包含气液流体,两者存在于同一个体积空间,但其热动力特性并不相同,故需分别定义固体骨架和流体的能量守恒方程。由假设⑤可知,固体骨架和两相混合流体之间总是处于局部热平衡状态。其统一的能量守恒方程为:

$$(\rho c)_t \frac{\partial T}{\partial t} + \frac{(S_g \rho_g + S_w \rho_w)(S_g c_g + S_w c_w)}{S_g \mu_g + S_w \mu_w} (k_i \cdot \nabla p \cdot \nabla) T + \varphi \rho_w l_w \frac{\partial S_w}{\partial t} = \lambda_t \cdot \nabla T^2 + q_t \tag{6-3}$$

式中　c_g, c_w——水蒸气和水的比热容;

　　　l_w——水的汽化潜热;

$(\rho c)_t$，λ_t，q_t——油页岩中两相混合流体的等效热容、等效传热系数和等效源汇相。

$$(\rho c)_t = \varphi(S_g\rho_g + S_w\rho_w)(S_g c_g + S_w c_w) + (1-\varphi)(\rho_s c_s) \tag{6-4}$$

$$\lambda_t = \varphi(S_g\lambda_g + S_w\lambda_w) + (1-\varphi)\lambda_s \tag{6-5}$$

$$q_t = q_h + q_s \tag{6-6}$$

式中　ρ_s——油页岩的密度；

　　　c_s——油页岩的比热容；

　　　λ_s——油页岩的传热系数；

　　　q_s，q_h——固体热源汇相及流体热源汇相。

分析式(6-3)各项，第1项为温度变化引起的能量变化；第2项为流体对流引起的能量变化；第3项为水蒸气相变引起的能量变化；第4项为热传导引起的能量变化；第5项为源汇相。

(4) 固体变形方程

根据假设⑧，连续介质岩体应满足弹性力学的应力平衡方程：

$$\sigma_{ij,j} + F_i = 0 \tag{6-7}$$

考虑油页岩的热应力及孔隙压力的影响，利用位移表示本构关系：

$$(\gamma + G)u_{j,ji} + Gu_{i,jj} + (\alpha\delta_{ij}p)_i + (\omega\delta_{ij}T)_i + F_i = 0 \tag{6-8}$$

式中　σ_{ji}——应力张量；

　　　F_i——体积力分量；

　　　G，λ——拉梅常数；

　　　a——Biot 有效应力系数；

　　　u——岩体位移；

　　　δ_{ij}——克罗内克符号，$\delta_{ij} = \begin{cases} 1 & (i=j) \\ 0 & (i\neq j) \end{cases}$；

　　　ω——热应力系数，$\omega = (2G+3\lambda)K$，其中 K 为油页岩各向同性的热膨胀系数。

基于前述考虑固体变形、流体渗流以及能量传输的多因素耦合分析，油页岩原位注热开采的数学模型可表示为：

$$\begin{cases} \left(\dfrac{S_g Mp + S_w\rho_w RTZ}{S_g\mu_g RTZ + S_w\mu_w RTZ}\right)\left(k_x\dfrac{\partial^2 p}{\partial x^2} + k_y\dfrac{\partial^2 p}{\partial y^2} + k_z\dfrac{\partial^2 p}{\partial z^2}\right) = \varphi\dfrac{\partial p}{\partial t}\left(\dfrac{MS_g}{RTZ} + \beta S_w\rho_w\right) \\ (\rho c)_t\dfrac{\partial T}{\partial t} + \dfrac{(S_g\rho_g + S_w\rho_w)(S_g c_g + S_w c_w)}{S_g\mu_g + S_w\mu_w}(k_i\cdot\nabla p\cdot\nabla)T + n\rho_w l_w\dfrac{\partial S_w}{\partial t} = \lambda_t\cdot\nabla T^2 + q_t \\ (\rho c)_t = \varphi(S_g\rho_g + S_w\rho_w)(S_g c_g + S_w c_w) + (1-\varphi)(\rho_s c_s) \\ \lambda_t = \varphi(S_g\lambda_g + S_w\lambda_w) + (1-\varphi)\lambda_s \\ q_t = q_h + q_s \\ (\gamma + G)u_{j,ji} + Gu_{i,jj} + (\alpha\delta_{ij}p)_i + (\omega\delta_{ij}T)_i + F_i = 0 \end{cases}$$

上述模型中，渗透率 k_i 是温度与孔隙压力的函数；能量守恒方程考虑了流体热传导、对流和水蒸气相变传热的影响；固体变形方程考虑了孔隙压力和热应力的影响；此外，方程中的流体与油页岩的物性参数，如两相流中蒸汽与水的密度、动力黏度、比热容、传热系数以及油页岩的密度、比热容、传热系数、孔隙率均为温度的函数。考虑多因素使模型更符合实际，但也使求解变得困难。考虑模型为复杂的非线性方程，相关系数也含有非线性项，采用解析法求解将非常困难,通常采用数值方法求其近似解。

6.1.2　数值建模

对于上述模型,辅以必要的初始条件和边界条件,就构成了完整的油页岩原位开采的热流固耦合数学模型;对模型参数赋以具体数值或关系式,即可利用其进行数值求解。本书利用 COMSOL Multiphysics 软件对上述模型进行数值求解。

该方案拟在地面布置 9 口井,呈 3×3 矩阵排列,其中中间井为注热口,其余 8 口井为生产井,井间距为 50 m,且生产井与模型边界的距离为 100 m,如图 6-1 所示。加热区域只限60 m 厚度范围内的油页岩储层。根据模型的对称性,只研究整个区域的 1/4 即可。考虑计算量以及边界效应,本书模拟研究 400 m 埋深油页岩储层的原位注热开采,模型尺寸为150 m×150 m×100 m,其中覆岩和底板厚度均为 20 m,油页岩储层厚度为 60 m,z 值为40～40.5 m、60～60.5 m 两区域预设压裂层。图 6-2 为该 1/4 区域内油页岩原位注热开采的数值模型。

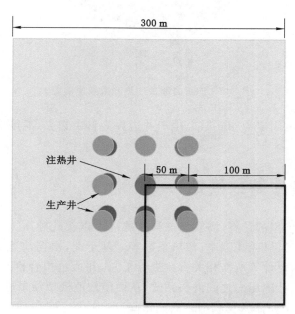

图 6-1　油页岩原位开采井网布置图

6.1.3　边界条件

固体变形边界条件:计算模型的上边界为 380 m 厚覆岩载荷,岩体重度 γ 取 25 kN/m³,取应力边界条件 $p_z=9.5$ MPa;$x=0$ m、$y=0$ m 及 $z=0$ m 面上给定位移边界条件 0;$x=150$ m及 $y=150$ m 面上给定应力边界条件,$p_x=p_y=\gamma z$。

渗流场边界:为保证注热开采过程中流体循环系统的运行,注热井与生产井之间应有足够的压力梯度。而根据前文所述,渗透率随压力升高而递减,本研究在注热井处给定压力3 MPa,生产井边界压力为 0.1 MPa,模型内部的初始孔隙压力取 0.1 MPa。根据模型的对称性,其外部取不渗透边界条件。

温度场边界:取模型初始地层温度为 30 ℃;注热井拟注入温度为 600 ℃的过热水蒸气,

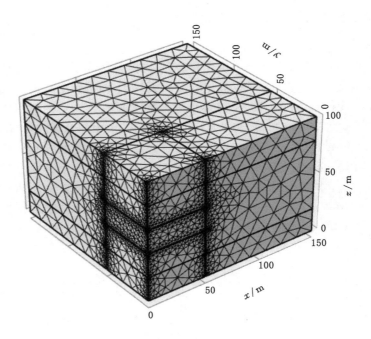

图 6-2 油页岩原位注热开采数值模型

所以注热井注热段温度固定为 $600\ ℃$。生产井边界为自由边界,温度为 T。其余边界为绝热边界条件。

6.2 油页岩物性参数确定

前述热流固耦合模型的计算,需要考虑具体的温度以及孔隙压力对流体和岩石相关参数的影响,如密度、动力黏度、孔隙率、传热系数等。基于此,根据前述章节的实验结果以及相关文献的研究结果,对计算所需相关参数进行汇总,并通过拟合得到水蒸气、水以及油页岩各计算参数同温度、孔隙压力之间的关系式,从而使数值模拟结果更为可靠。

6.2.1 温度与孔隙压力对油页岩物理性质的影响

(1)温度对油页岩密度、孔隙率的影响

孔隙率为温度的函数,利用第 3 章低温氮吸附及压汞实验的全尺度拟合公式[式(3-10)和式(3-11)]作为本次计算依据;密度测试通过称重法求得质量、通过排水法测得体积而获得,然后对不同温度下的密度进行多项式拟合。油页岩的孔隙率、密度与温度有如下关系。

① 孔隙率

抚顺油页岩: $\qquad \varphi=26.531-24.06/[1+(T/379.716)^{10.629}]$

新疆油页岩: $\qquad \varphi=39.022-37.093/[1+(T/370.871)^{6.577}]$

② 密度

抚顺油页岩: $\qquad \rho_s=2.0\times10^{-9}T^3-3.0\times10^{-6}T^2+0.000\ 8T+2.108$ $\qquad(6-9)$

新疆油页岩: $\qquad \rho_s=5.0\times10^{-9}T^3-5.0\times10^{-6}T^2+0.000\ 8T+2.068$ $\qquad(6-10)$

式中 ρ_s——油页岩的密度,kg/m^3;

φ——油页岩的孔隙率，%；

T——温度，℃。

（2）温度、孔隙压力对油页岩渗透率的影响

通过高温三轴渗透设备获得了不同温度及孔隙压力下油页岩的渗透率，经二元函数拟合计算，获得测试区间内渗透率随温度及孔隙压力变化的经验公式。本书没有进一步对 0.1～1 MPa压力下的渗透率变化进行测试分析，模拟时该区间渗透率的取值为 1 MPa下的渗透率；同时 23～200 ℃时的渗透率为 0。为此，需在数值计算时赋以分段函数。

抚顺油页岩：

$$k_i = \begin{cases} 1.25 \times 10^{-6} \times T^{2.753} \times \left[Q(p)\right]^{-0.433} & 200\ ℃ \leqslant T \leqslant 650\ ℃ \\ 0 & 23\ ℃ \leqslant T < 200\ ℃ \end{cases} \tag{6-11}$$

新疆油页岩：

$$k_i = \begin{cases} 1.57 \times 10^{-4} \times T^{2.071} \times \left[Q(p)\right]^{-0.448} & 200\ ℃ \leqslant T \leqslant 650\ ℃ \\ 0 & 23\ ℃ \leqslant T < 200\ ℃ \end{cases} \tag{6-12}$$

式中　k_i——油页岩的渗透率，$10^{-5}\ \mu m^2$；

T——温度，℃；

$Q(p)$——孔隙压力的分段函数，$Q(p) = \begin{cases} 1 & 0.1\ MPa \leqslant p < 1\ MPa \\ p & 1\ MPa \leqslant p \leqslant 4\ MPa \end{cases}$，MPa。

（3）温度对油页岩热膨胀系数的影响

利用 DIL 402PC 型热膨胀分析仪，获得了油页岩随温度升高垂直层理以及平行层理方向的热膨胀率，如图 6-3 所示。由图 6-3 可知，抚顺油页岩的各向异性并不明显，而新疆油页岩则是典型的横观各向同性体[161]。实测热膨胀系数随温度变化极不规则，这为数值计算参数赋值带来极大不便，而拟合曲线则具有更好的稳定性。为此，考虑先对热膨胀率进行曲线拟合，将拟合后的曲线对温度求导，再对求导后的曲线进行拟合，由此获得热膨胀系数随温度变化的关系，如图 6-4 所示。

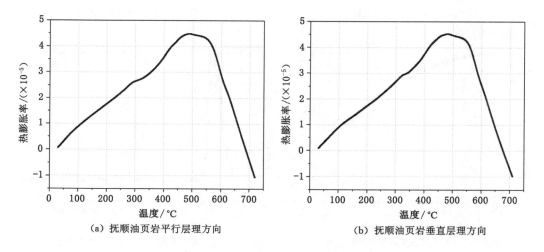

（a）抚顺油页岩平行层理方向　　　　　　　（b）抚顺油页岩垂直层理方向

图 6-3　油页岩热膨胀率与温度的关系曲线

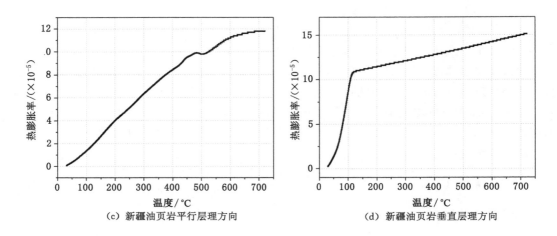

（c）新疆油页岩平行层理方向　　　　　（d）新疆油页岩垂直层理方向

图 6-3（续）

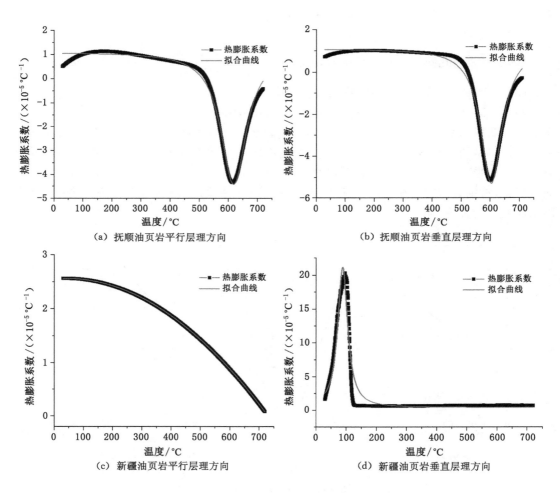

（a）抚顺油页岩平行层理方向　　　　　（b）抚顺油页岩垂直层理方向

（c）新疆油页岩平行层理方向　　　　　（d）新疆油页岩垂直层理方向

图 6-4　油页岩热膨胀系数与温度的关系曲线

拟合曲线所对应的函数如式(6-13)至式(6-16)所示。

① 抚顺油页岩

平行层理方向：

$$K_H = 1.101 \times 10^{-5} - 5.885 \times 10^{-3} \times \{106.603/[4(T-618.282)^2 + 11\,364.2]\}$$

$$\tag{6-13}$$

垂直层理方向：

$$K_V = 1.101 \times 10^{-5} - 5.657 \times 10^{-3} \times \{88.773/[4(T-603.728)^2 + 7\,880.646]\}$$

$$\tag{6-14}$$

② 新疆油页岩

平行层理方向：

$$K_H = 2.559 \times 10^{-5} + 4.329 \times 10^{-9}T - 5.375 \times 10^{-11}T^2 \tag{6-15}$$

垂直层理方向：

$$K_V = 4.43 \times 10^{-6} + 8.554 \times 10^{-3} \times \{41.807/[4(T-87.796)^2 + 1\,747.839]\} \tag{6-16}$$

式中　K_H，K_V——油页岩平行层理与垂直层理方向的热膨胀系数，$℃^{-1}$。

（4）温度对油页岩传热系数和比热容的影响

根据沉积岩的传热系数、比热容与温度之间的经验公式，有：

$$\lambda_s = \lambda_{s0} - (\lambda_{s0} - 2.01)\left[\exp\left(\frac{T-293.15}{T+403.15}\right) - 1\right] \tag{6-17}$$

$$c_s = c_{s0}(1 + aT) \tag{6-18}$$

式中　λ_s——油页岩的传热系数，$W/(m \cdot ℃)$；

　　　c_s——油页岩的比热容，$J/(kg \cdot ℃)$；

　　　λ_{s0}——油页岩在常温时的传热系数，$W/(m \cdot ℃)$；

　　　T——温度，$℃$；

　　　a——岩石比热容的温度影响系数，取 $a = 3 \times 10^{-3}$ $℃^{-1}$。

6.2.2　温度、压力对流体物理性质的影响

（1）温度、压力对水蒸气和水密度的影响

$$\rho_g = 2\,272.7 \times \frac{p \times 10^{-6}}{T+273} \tag{6-19}$$

$$\rho_w = (0.996\,7 - 4.615 \times 10^{-5}T - 3.063 \times 10^{-6}T^2) \times 10^3 \tag{6-20}$$

式中　ρ_g，ρ_w——水蒸气和水的密度，kg/m^3；

　　　p——蒸汽压力，Pa；

　　　T——温度，$℃$。

（2）温度对水蒸气和水动力黏度的影响

当流体做相对运动时，流体质点间因相对运动产生摩擦力而阻碍相对运动，从而阻滞流体流动，这一特性称为流体的黏性。实验表明，水蒸气和水的动力黏度随温度和压力而异，但相较对压力的敏感性，动力黏度对温度的敏感性尤其显著。

$$\mu_g = (0.36T + 88.37) \times 10^{-7} \tag{6-21}$$

$$\mu_w = \left(\frac{1\,743 - 1.8T}{47.7T + 759}\right) \times 10^{-3} \tag{6-22}$$

式中　μ_g，μ_w——水蒸气和水的动力黏度，Pa·s；

　　　T——温度，℃。

（3）温度对水蒸气和水比热容的影响

$$c_g = -0.000\,1T^3 + 0.094\,8T^2 - 27.103T + 9\,246.8 \tag{6-23}$$

$$c_w = 0.016\,5T^2 - 1.487\,8T + 4\,207.4 \tag{6-24}$$

式中　c_g，c_w——水蒸气和水的比热容，J/(kg·℃)；

　　　T——温度，℃。

（4）温度对水蒸气和水传热系数的影响

$$\lambda_g = 1.0 \times 10^{-8}T^3 - 4.0 \times 10^{-6}T^2 + 0.000\,6T + 0.007\,8 \tag{6-25}$$

$$\lambda_w = -1.26 \times 10^{-5}T^2 + 2.56 \times 10^{-3}T + 0.551\,3 \tag{6-26}$$

式中　λ_g，λ_w——水蒸气和水的传热系数，W/(m·℃)；

　　　T——温度，℃。

以上参数，充分考虑了油页岩、水蒸气以及水各计算参数同温度、压力之间的关系式，作为数值模拟计算基础，能更真实地反映原位开采中油页岩在 THM（热-水动力-力学）耦合作用下的变化规律。

6.3　数值模拟结果分析

为全面、详细地研究油页岩原位注热开采过程中各物理场分布的规律，在上述模型中选取 1 个剖面（以下称剖面Ⅰ）、2 条线（测线 1、2）、8 个点（测点 1#—8#）作为研究对象，$z=100$ m 的上边界设 4 个点，间距 20 m，用以监测位移变化；$z=70$ m 处设 4 个点，间距 20 m，用以监测温度场变化。具体测点位置见图 6-5。

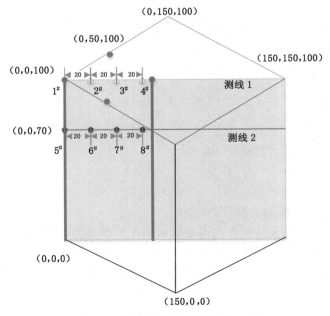

图 6-5　测点位置示意图（单位：m）

6.3.1 温度场动态分布规律分析

油页岩原位注热开采过程中,热能在油页岩储层中以对流、传导两种方式进行传递。其中,热传导作用主要发生在油页岩骨架中,主要受油页岩自身的热传导能力影响,受控于油页岩的组分;对流传热主要发生在连通孔裂隙中的高温流体与油页岩之间,其对油页岩储层的升温起控制作用,传热效率受孔裂隙结构、渗透压力、孔道阻力、流体热力学参数等多因素共同制约。根据前文所述,温度作用下,油页岩有机质及矿物骨架分阶段发生剧烈的物理变化和化学反应,抚顺油页岩和新疆油页岩的物理特征和渗透特征都因此表现出很大不同,因此原位注热条件下,不同地区的油页岩储层中温度的分布规律是不同的。通过抚顺和新疆地区油页岩原位注热数值模拟,得到其温度分布随时间演化特征,如图 6-6 和图 6-7 所示。

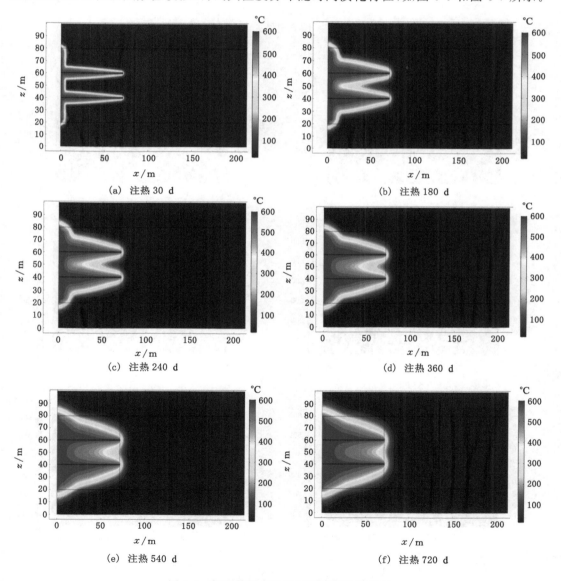

(a) 注热 30 d

(b) 注热 180 d

(c) 注热 240 d

(d) 注热 360 d

(e) 注热 540 d

(f) 注热 720 d

图 6-6　抚顺油页岩温度场随时间分布规律

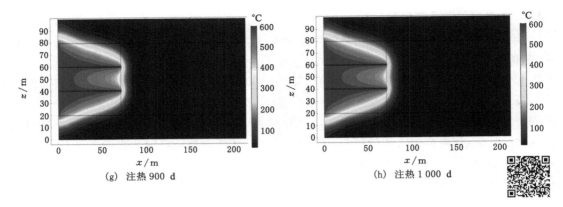

(g) 注热 900 d (h) 注热 1 000 d

图 6-6（续）

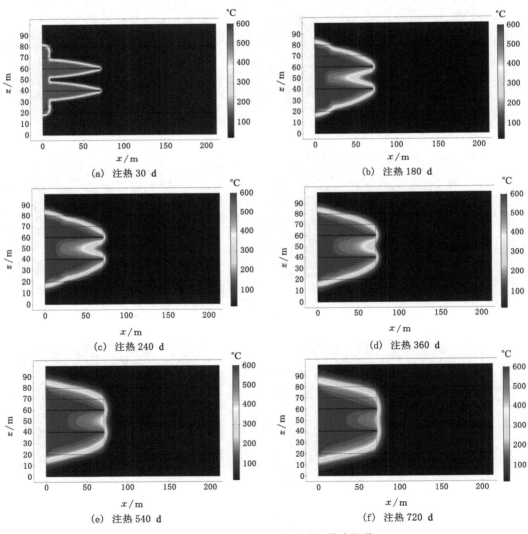

(a) 注热 30 d (b) 注热 180 d

(c) 注热 240 d (d) 注热 360 d

(e) 注热 540 d (f) 注热 720 d

图 6-7 新疆油页岩温度场随时间分布规律

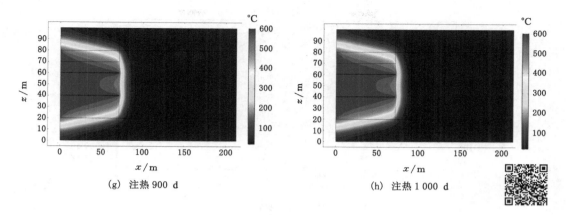

(g) 注热 900 d   (h) 注热 1 000 d

图 6-7(续)

由不同注热时间时观测剖面的温度场分布特征可知：① 持续注入蒸汽条件下，高温等温面在油页岩储层中自注热井向生产井方向逐渐扩展，且扩展速度表现为非均匀分布；② 因压裂层渗透率远高于油页岩原始储层的渗透率，高温流体以较快的速度在注热井与生产井间形成渗流通道，温度场自压裂层向两侧扩散；③ 当压裂层传导完成后，压裂层热能再向油页岩非压裂层传导，这一过程以传导开始，以对流结束，与油页岩热解过程的孔隙率和渗透率变化密切相关，是一个缓慢的过程。

抚顺和新疆油页岩温度分布特征的不同点表现在：① 由于新疆油页岩的渗透性要高于抚顺油页岩的渗透性，新疆油页岩热能从压裂层向非压裂层的传导速度要大于抚顺油页岩的传导速度；② 随着注热时间的延长，压裂层周围的油页岩储层逐渐被加热，当持续注热时间达到 1 000 d 以后，注热井与生产井之间的抚顺油页岩基本都达到了热解温度（550 ℃），新疆油页岩则在注热 720 d 时就基本达到了完全热解温度。

图 6-8 和图 6-9 分别给出了注热井和生产井之间测线 1 和 5#—8# 测点在注热时间为 0～1 000 d 间温度的变化曲线。由图 6-8 可见，在注热时间为 30 d 时，抚顺和新疆油页岩热能传导速度大致相当，大部分区域处于低温阶段，此时为注热开采的预热阶段。当注热时间达到 180 d 时，可以看出新疆油页岩的热能传导距离明显要大于抚顺油页岩的传导距离。在注热时间为 180 d 时抚顺油页岩大部分区域温度还处于热解温度之下，而新疆油页岩已

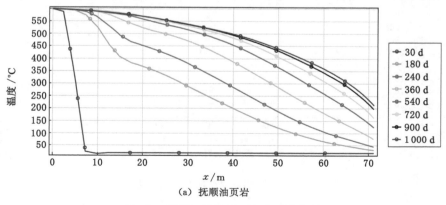

(a) 抚顺油页岩

图 6-8 测线 1 温度随时间的变化规律

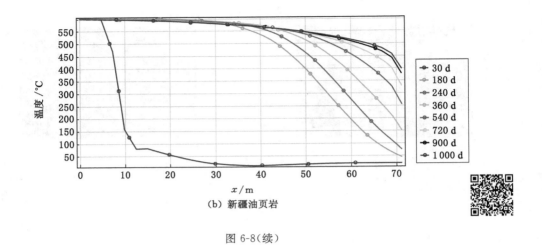

（b）新疆油页岩

图 6-8（续）

经有一部分区域达到热解温度了。由图 6-9 曲线斜率可以看出，新疆油页岩的温度增长率要大于抚顺油页岩的温度增长率。

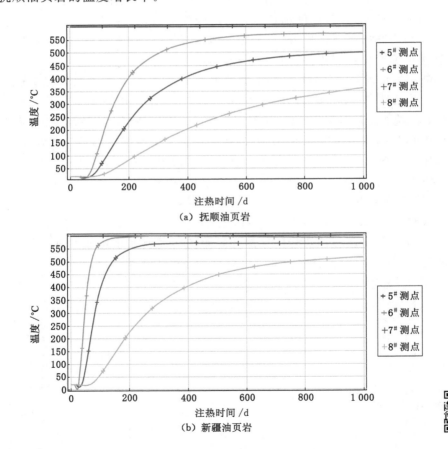

（a）抚顺油页岩

（b）新疆油页岩

图 6-9 5#—8# 测点温度随时间的变化规律

6.3.2 位移场动态分布规律分析

图 6-10 和图 6-11 为不同注热时间时垂直剖面上抚顺和新疆油页岩地层垂向位移的变化情况。

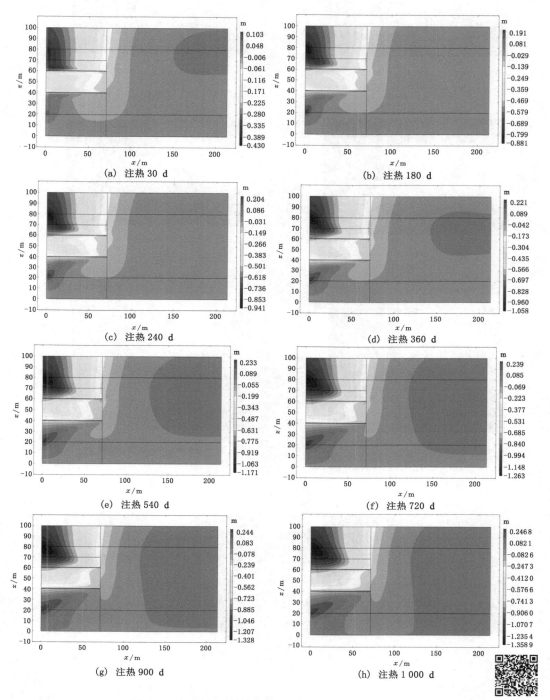

图 6-10 抚顺油页岩剖面 z 方向位移场随时间分布规律

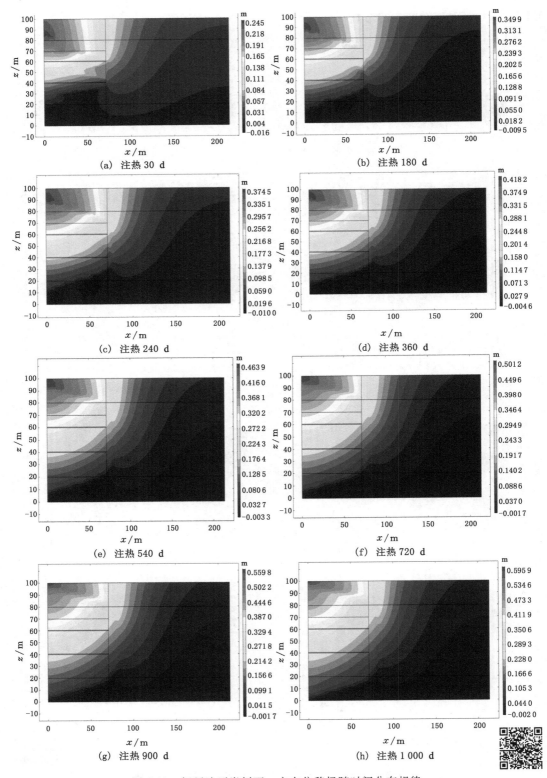

图 6-11　新疆油页岩剖面 z 方向位移场随时间分布规律

　　抚顺油页岩在原位热解区域的垂向整体表现为持续下沉的趋势,随注热时间延长,下沉量持续增加,下沉范围自注热井向生产井方向呈梯度延展,最终在注热井和生产井之间形成沉陷区,最大下沉量为 1.36 m。整个开采期间,下沉主要发生的开采初期,生产 180 d 时的最大下沉量即达到最终 1 000 d 时的 65%。模拟结果显示,上覆岩层的下沉主要发生在注热井与生产井之间,该区域外仅在边缘有少量下沉。图 6-10 显示开采期间除上部岩体下沉外,还会发生部分膨胀变形,主要出现在油页岩储层及底板交界位置,随注热开采的持续,膨胀区域自注热井一侧开始逐渐向生产井方向扩展,最大膨胀量在开采初期增长较快,在开采后期相对稳定。

　　模拟结果显示(图 6-11),新疆油页岩的垂直方向位移场与抚顺油页岩有着根本区别。新疆油页岩在整个开采期间整体表现为膨胀变形,随开采时间的延长,膨胀量持续增加,且膨胀量表现为初期增长较快、后期增长缓慢的特点,生产 180 d 时的最大膨胀量即达到最终 1 000 d 时的 59%,且最大膨胀量发生的位置随时间延长向上转移。上覆岩层的鼓起主要发生在注热井与生产井之间,该区域外膨胀量较小,但影响范围较抚顺油页岩要大。

　　抚顺油页岩与新疆油页岩位移场分布规律的巨大差异,主要与油页岩本身的物理特性有关,特别是与油页岩热膨胀系数密切相关。结合图 6-4 可知,抚顺油页岩在 500 ℃ 前热膨胀系数随温度升高小幅降低,500 ℃ 开始,随着有机质不断热解形成油气产物,热膨胀系数加速下降,到 525 ℃ 时热膨胀系数变为负值,也即温度升高导致油页岩收缩。本次模拟注热温度为 600 ℃,在油页岩储层中布置了两条预制裂缝,载热流体可快速通过压裂带使裂缝两边油页岩升温;油页岩温度高于 525 ℃ 时,岩体即由低温时的膨胀变形转变为收缩,区域内上覆岩层产生相应下沉,而由于底板岩层热导率较低,传热过程中其温度达不到 525 ℃,故表现为底板位置处膨胀而顶板位置处下沉。新疆油页岩热膨胀系数随温度升高加速减小,表现在模拟结果上即开采初期膨胀量增速较大,后期膨胀缓慢,但始终处于膨胀状态。需要说明的是,最大膨胀量或最大下沉量仅就模型范围内垂向 100 m 区间而言,其波及地表的程度还取决于上覆岩层的岩性及关键层位置,从图中亦可发现,最大下沉量发生的位置并不一定是模型上边界。

　　图 6-12 为注热时间为 0~1 000 d 间测线 1 垂向位移的变化情况。由图 6-12 可知,抚顺油页岩在测线 1 处自注热井向生产井方向下沉量逐渐变小;随时间延长,下沉量持续加大,且初期下沉速度要远大于后期下沉速度。而新疆油页岩在整个生产期间开采影响区域表现为膨胀鼓起,鼓起主要发生在注热井一侧 10 m 左右范围内,远离注热井鼓起量逐渐变小;同抚顺油页岩的变形过程一样,新疆油页岩的鼓起也主要发生在开采初期 180 d 内。图 6-13 为 1#—4# 测点位移随时间的变化规律。从图 6-13 中也可看出,抚顺油页岩的下沉以及新疆油页岩的鼓起主要发生在开采初期,其后随开采时间的延长变形速度逐渐趋缓。相较新疆油页岩的鼓起,抚顺油页岩的下沉变形更加集中,主要集中在注热井周边 10 m 范围内。

　　通过对油页岩注热开采的位移分析可以得出,受注热温度、孔隙压力及油页岩本身物性的影响,油页岩注热开采过程会使地层发生鼓起或下沉。

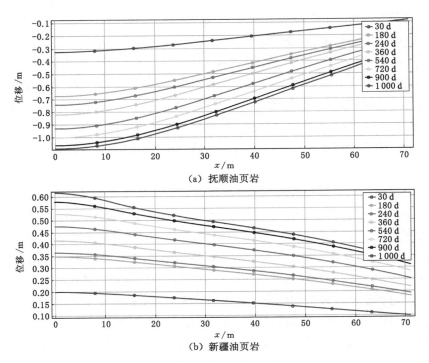

（a）抚顺油页岩

（b）新疆油页岩

图 6-12　测线 1 z 方向位移随时间的变化规律

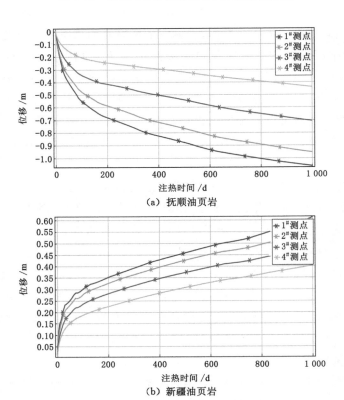

（a）抚顺油页岩

（b）新疆油页岩

图 6-13　$1^{\#}$—$4^{\#}$测点 z 方向位移随时间的变化规律

6.3.3　渗透率动态分布规律分析

由前文分析可知,油页岩渗透率与温度及孔隙压力存在明确的函数关系。升温导致油页岩有机质热解析出,无机矿物破裂,从而使油页岩渗透性得到改善,而油页岩的渗透性又能对注热过程中载热流体的热传输能力产生影响,两者相互影响;孔隙压力可使渗流场形成压力梯度并驱动流体流动,但较高的孔隙压力又会抑制渗透性能。抚顺、新疆两地油页岩的渗透率分布如图 6-14 和图 6-15 所示。

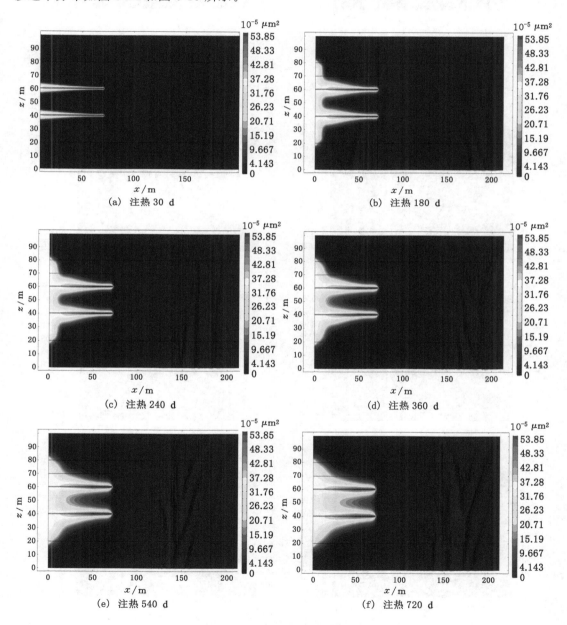

图 6-14　抚顺油页岩剖面Ⅰ处渗流场随时间分布规律

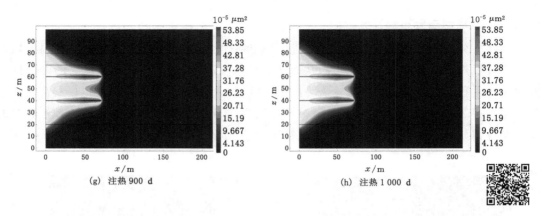

(g) 注热 900 d (h) 注热 1 000 d

图 6-14(续)

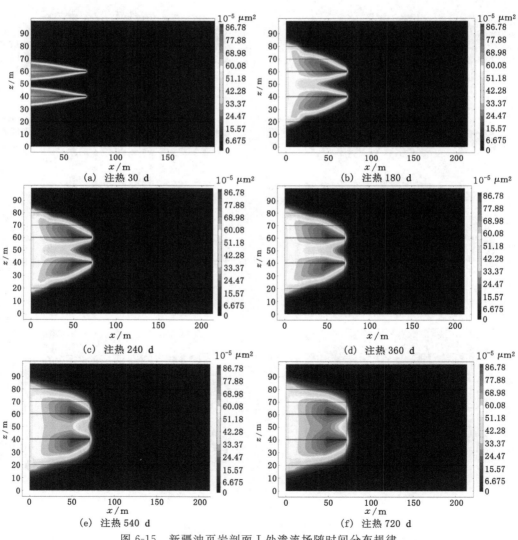

(a) 注热 30 d (b) 注热 180 d

(c) 注热 240 d (d) 注热 360 d

(e) 注热 540 d (f) 注热 720 d

图 6-15 新疆油页岩剖面 I 处渗流场随时间分布规律

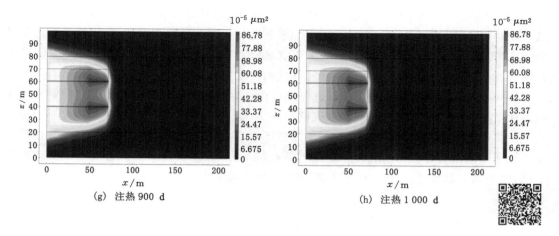

(g) 注热 900 d　　　　　　(h) 注热 1 000 d

图 6-15（续）

由图 6-14 可知，抚顺油页岩渗透率的增长首先发生在压裂裂隙带；随加热时间的延长，自裂隙带向两侧渗透率均逐渐增加，同时注热井一侧因温度升高较快，出现较明显的渗透率增加区域；但无论是注热井位置还是压裂裂隙两侧，渗透率发生变化的区域均较为集中，而远离压裂裂隙的位置渗透率几乎没有变化，从图 6-14 中可以看出，抚顺油页岩直至注热 1 000 d 时，生产井一侧的渗透率也没有全局性的改善，靠近顶底板位置存在"死角"。而新疆油页岩渗透率随开采时间延长的改善状况明显优于抚顺油页岩（图 6-15），注热 720 d 时已在整个开采区域形成良好的渗透性。这是由油页岩本身的物性特征所决定的，由第 3 章及第 4 章分析可知，温度作用下抚顺油页岩孔隙率的增长主要由微孔和过渡孔所贡献，而新疆油页岩孔隙率的增长则主要由中孔所贡献，同时新疆油页岩的孔隙连通性要优于抚顺油页岩。

此外，渗透率与温度呈正相关关系，而与孔隙压力呈负相关关系，因孔隙压力较高，渗流场的变化明显滞后于温度场；同时可以看出，压裂裂隙带在生产井一侧的渗透率明显高于注热井一侧，这也有利于油气产物的析出，但会对载热流体的传热能力产生不利影响。对比抚顺、新疆油页岩渗透率变化图发现，新疆油页岩的渗透率改善状况明显优于抚顺油页岩。为此，对于低渗油页岩储层，注热开采时应考虑加密压裂层数或采取其他措施，以使储层形成宏观渗透通道。

6.4　本章小结

本章基于考虑温度、孔隙压力效应的实测基础参数，以多孔介质多场耦合理论为基础，应用油页岩原位注热开采热流固耦合数学模型及多物理场仿真软件 COMSOL Multiphysics，模拟研究了油页岩原位开采过程中温度场、位移场以及渗流场的变化过程，得到如下主要结论。

（1）持续注入蒸汽条件下，油页岩储层热能由注热井向生产井逐渐扩散，扩散速度不均匀，压裂层热能扩散明显快于非压裂层。当持续注热 1 000 d 后，距注热井 71.2 m 范围内抚顺油页岩储层温度基本达到热解温度 550 ℃；当持续注热 720 d 后，距注热井 71.2 m 范围内新疆油页岩储层温度基本达到热解温度 550 ℃。

（2）注热开采过程中，抚顺油页岩储层产生下沉，而新疆油页岩储层则发生膨胀变形，随开采时间延长，变形量（下沉量或鼓起量）不断增加。注热 1 000 d 时，抚顺油页岩注热井侧储层与顶板交界位置产生 1.36 m 最大下沉量；新疆油页岩注热井侧顶板产生 0.6 m 的鼓起量，油页岩的热物理性能尤其是热膨胀系数的改变对位移场的分布影响巨大。

（3）渗透率的增长首先发生在压裂裂隙带；随加热时间的延长，自裂隙带向两侧渗透率均逐渐增加；因孔隙压力影响，注热井侧渗透率变化滞后于压裂裂隙带。渗流场分布与温度场分布具有一致性，但渗流场的变化明显滞后于温度场，渗透率改善区域相对有限；抚顺油页岩渗透率的改善存在"死角"。渗流场的分布特征显示，注热开采工艺有利于油气产物的析出，而不利于载热流体的热量传输，应采取措施改善油页岩渗透性。

参 考 文 献

[1] KANG Z,YANG D,ZHAO Y,et al.Thermal cracking and corresponding permeability of Fushun oil shale[J].Oil shale,2011,28(2):273.

[2] 李茂成.世界油页岩发技术新进展[J].中国石油和化工标准与质量,2014,34(2):164-165.

[3] DINNEEN G U.Chapter 9 retorting technology of oil shale[M]//Developments in petroleum science.Amsterdam:Elsevier,1976:181-198.

[4] DOUGAN P M,REYNOLDS F S,ROOT P J.Potential for in situ retorting of oil shale in the Piceance Creek Basin of northwestern Colorado[R].[S.l.:s.n.],1970.

[5] FRENCH G B,BARTEL W J,RIDLEY R D,et al.System for fuel and products of oil shale retort:US4014575[P].1977-03-29.

[6] VINEGAR H.Shell's in-situ conversion process[C]//26th Oil Shale Symposium, Golden,2006.

[7] 雷群,王红岩,赵群,等.国内外非常规油气资源勘探开发现状及建议[J].天然气工业,2008,28(12):7-10.

[8] JABER J O,PROBERT S D.Non-isothermal thermogravimetry and decomposition kinetics of two Jordanian oil shales under different processing conditions[J].Fuel processing technology,2000,63(1):57-70.

[9] 孙友宏,邓孙华,王洪艳.国际油页岩开发技术与研究进展记第33届国际油页岩会议[J].吉林大学学报(地球科学版),2015,45(4):1052-1059.

[10] 赵阳升,杨栋,关克伟,等.高温烃类气体对流加热油页岩开采油气的方法:CN101122226A[P].2008-02-13.

[11] 赵阳升,冯增朝,杨栋,等.对流加热油页岩开采油气的方法:CN1676870B[P].2010-05-05.

[12] 姜鹏飞.油页岩酸化压裂注热裂解原位转化实验研究[D].长春:吉林大学,2016.

[13] 刘德勋,王红岩,郑德温,等.世界油页岩原位开采技术进展[J].天然气工业,2009,29(5):128-132.

[14] 白奉田.局部化学法热解油页岩的理论与室内试验研究[D].长春:吉林大学,2015.

[15] SUN Y H,BAI F T,LIU B C,et al.Characterization of the oil shale products derived via topochemical reaction method[J].Fuel,2014,115:338-346.

[16] NA J G,IM C H,CHUNG S H,et al.Effect of oil shale retorting temperature on shale oil yield and properties[J].Fuel,2012,95:131-135.

[17] 钱家麟,尹亮.油页岩:石油的补充能源[M].北京:中国石化出版社,2011.

[18] BAI F T,GUO W,LÜ X S,et al.Kinetic study on the pyrolysis behavior of Huadian oil shale via non-isothermal thermogravimetric data[J].Fuel,2015,146:111-118.

[19] 李强.油页岩原位热裂解温度场数值模拟及实验研究[D].长春:吉林大学,2012.

[20] BALLICE L.Effect of demineralization on yield and composition of the volatile products evolved from temperature-programmed pyrolysis of Beypazari (Turkey) oil shale[J].Fuel processing technology,2005,86(6):673-690.

[21] TIIKMA L,ZAIDENTSAL A,TENSORER M.Formation of thermobitumen from oil shale by low-temperature pyrolysis in an autoclave[J].Oil shale,2007,24(4):535-546.

[22] TIWARI P,DEO M.Compositional and kinetic analysis of oil shale pyrolysis using TGA-MS[J].Fuel,2012,94:333-341.

[23] HUBBARD A B,ROBINSON W E.A thermal decomposition study of Colorado oil shale[M].[S.l.:s.n.],1950.

[24] ALLRED V D.Kinetics of oil shale pyrolysis[R].[S.l.:s.n.],1966.

[25] CAMPBELL J H,GALLEGOS G,GREGG M.Gas evolution during oil shale pyrolysis.2.Kinetic and stoichiometric analysis[J].Fuel,1980,59(10):727-732.

[26] 施彦彦.油页岩加氢热解与页岩油加氢精制耦合过程研究[D].大连:大连理工大学,2014.

[27] HERSHKOWITZ F,OLMSTEAD W N,RHODES R P,et al.Molecular mechanism of oil shale pyrolysis in nitrogen and hydrogen atmospheres[M]//ACS symposium series.[S.l.:s.n.],1983.

[28] BURNHAM A K,HAPPE J A.On the mechanism of kerogen pyrolysis[J].Fuel,1984,63(10):1353-1356.

[29] BURNHAM A K,SINGLETON M F.High-pressure pyrolysis of green river oil shale[M]//ACS Symposium Series.[S.l.:s.n.],1983.

[30] SYED S,QUDAIH R,TALAB I,et al.Kinetics of pyrolysis and combustion of oil shale sample from thermogravimetric data[J].Fuel,2011,90(4):1631-1637.

[31] ABOULKAS A,EL HARFI K.Study of the kinetics and mechanisms of thermal decomposition of Moroccan Tarfaya oil shale and its kerogen[J].Oil shale,2008,25(4):426-443.

[32] KÖK M V.Heating rate effect on the DSC kinetics of oil shales[J].Journal of thermal analysis and calorimetry,2007,90(3):817-821.

[33] 赵丽梅,梁杰,梁鲲,等.基于原位开采工艺的油页岩热解特性研究[J].煤质技术,2013(2):11-14.

[34] 赵丽梅.油页岩原位热解与煤地下气化耦合过程研究[D].北京:中国矿业大学(北京),2013.

[35] 王擎,闫宇赫,贾春霞,等.甘肃油页岩红外光谱分析及热解特性[J].化工进展,2014,33(7):1730-1734.

[36] 王擎,王锐,贾春霞,等.油页岩热解的 FG-DVC 模型[J].化工学报,2014,65(6):

2308-2315.

[37] WANG Q,PAN S,BAI J R,et al.Experimental and dynamics simulation studies of the molecular modeling and reactivity of the Yaojie oil shale kerogen[J].Fuel,2018, 230:319-330.

[38] 王擎,谢卓颖,贾春霞,等.桦甸油页岩热解过程中气体析出特性[J].化工进展,2017, 36(12):4416-4422.

[39] 柏静儒,林卫生,潘朔,等.油页岩低温热解过程中轻质气体的析出特性[J].化工学报, 2015,66(3):1104-1110.

[40] WANG Q,YE J B,YANG H Y,et al.Chemical composition and structural characteristics of oil shales and their kerogens using Fourier transform infrared (FTIR) spectroscopy and solid-state ^{13}C nuclear magnetic resonance (NMR)[J]. Energy and fuels,2016,30(8):6271-6280.

[41] 罗万江.油页岩热解过程及产物析出特性实验研究[D].西安:西安建筑科技大学,2016.

[42] LAN X Z,LUO W J,SONG Y H,et al.Effect of the temperature on the characteristics of retorting products obtained by Yaojie oil shale pyrolysis[J].Energy and fuels,2015,29(12):7800-7806.

[43] HAN X X,JIANG X M,CUI Z G.Studies of the effect of retorting factors on the yield of shale oil for a new comprehensive utilization technology of oil shale[J].Applied energy,2009,86(11):2381-2385.

[44] 张丽丽.铜川油页岩热解行为的研究[D].西安:西北大学,2012.

[45] 于海龙,姜秀民.颗粒粒度对油页岩热解特性和动力学参数的影响[J].中原工学院学报,2007,18(1):1-4.

[46] BORREGO A G,PRADO J G,FUENTE E,et al.Pyrolytic behaviour of Spanish oil shales and their kerogens[J].Journal of analytical and applied pyrolysis,2000,56(1): 1-21.

[47] 杨继涛,秦匡宗.抚顺油页岩中有机质与矿物质热分解的研究[J].石油学报(石油加工),1985,1(1):33-40.

[48] 杨继涛,陈延蕤,秦匡宗.茂名油页岩中有机质与矿物质热分解过程的研究[J].燃料化学学报,1984(4):332-339.

[49] 秦匡宗,郭绍辉.茂名和抚顺油页岩组成结构的研究 Ⅳ.矿物质的含量与组成[J].燃料化学学报,1987(1):1-8.

[50] 王擎,隋义,迟铭书,等.油页岩中矿物质对挥发分不凝气释放过程的影响[J].化工进展,2014,33(10):2613-2618.

[51] GAI R H,JIN L J,ZHANG J B,et al.Effect of inherent and additional pyrite on the pyrolysis behavior of oil shale[J].Journal of analytical and applied pyrolysis,2014, 105:342-347.

[52] 盖蓉华.矿物质对油页岩热解行为的影响[D].大连:大连理工大学,2013.

[53] KARABAKAN A,YÜRÜM Y.Effect of the mineral matrix in the reactions of oil shales:1.Pyrolysis reactions of Turkish Göynük and US Green River oil shales[J].

Fuel,1998,77(12):1303-1309.

[54] 刘志军,杨栋,邵继喜.温度影响下油页岩动力学参数的实验研究[J].黑龙江科技大学学报,2017,27(4):396-399.

[55] MODICA C J,LAPIERRE S G.Estimation of kerogen porosity in source rocks as a function of thermal transformation:example from the Mowry shale in the Powder River Basin of Wyoming[J].AAPG bulletin,2012,96(1):87-108.

[56] CURTIS M E,CARDOTT B J,SONDERGELD C H,et al.Development of organic porosity in the Woodford shale with increasing thermal maturity[J].International journal of coal geology,2012,103:26-31.

[57] CHEN J,XIAO X M.Evolution of nanoporosity in organic-rich shales during thermal maturation[J].Fuel,2014,129:173-181.

[58] BERNARD S, WIRTH R, SCHREIBER A, et al. Formation of nanoporous pyrobitumen residues during maturation of the Barnett shale (Fort Worth Basin)[J]. International journal of coal geology,2012,103:3-11.

[59] SCHRODT J T,OCAMPO A.Variations in the pore structure of oil shales during retorting and combustion[J].Fuel,1984,63(11):1523-1527.

[60] 韩向新,姜秀民,崔志刚,等.油页岩颗粒孔隙结构在燃烧过程中的变化[J].中国电机工程学报,2007,27(2):26-30.

[61] HAN X X,JIANG X M,CUI Z G,et al.Effects of retorting factors on combustion properties of shale char[J].Journal of thermal analysis and calorimetry,2011,104(2):771-779.

[62] SUN L N,TUO J C,ZHANG M F,et al.Formation and development of the pore structure in Chang 7 member oil-shale from Ordos Basin during organic matter evolution induced by hydrous pyrolysis[J].Fuel,2015,158:549-557.

[63] ZHAO L M, LIANG J, QIAN L X. Study on porous structure and fractal characteristics of oil shale and semicoke[J].Advanced materials research,2013,868:276-281.

[64] BAI F T,SUN Y H,LIU Y M,et al.Evaluation of the porous structure of Huadian oil shale during pyrolysis using multiple approaches[J].Fuel,2017,187:1-8.

[65] WANG Q, JIAO G J, LIU H P, et al. Variation of the pore structure during microwave pyrolysis of oil shale[J].Oil shale,2010,27(2):135-146.

[66] 赵静.高温及三维应力下油页岩细观特征及力学特性试验研究[D].太原:太原理工大学,2014.

[67] YANG L S,YANG D,ZHAO J,et al.Changes of oil shale pore structure and permeability at different temperatures[J].Oil shale,2016,33(2):101-110.

[68] 耿毅德.油页岩地下原位压裂—热解物理力学特性试验研究[D].太原:太原理工大学,2018.

[69] GENG Y D,LIANG W G,LIU J,et al.Evolution of pore and fracture structure of oil shale under high temperature and high pressure[J].Energy and fuels,2017,31(10):

10404-10413.

[70] TIWARI P,DEO M,LIN C L,et al.Characterization of oil shale pore structure before and after pyrolysis by using X-ray micro CT[J].Fuel,2013,107:547-554.

[71] SAIF T,LIN Q Y,SINGH K,et al.Dynamic imaging of oil shale pyrolysis using synchrotron X-ray microtomography[J].Geophysical research letters,2016,43(13):6799-6807.

[72] 康志勤.油页岩热解特性及原位注热开采油气的模拟研究[D].太原:太原理工大学,2008.

[73] 赵静,冯增朝,杨栋,等.CT实验条件下油页岩内部孔裂隙分布特征[J].辽宁工程技术大学学报(自然科学版),2013,32(8):1044-1049.

[74] 赵静,冯增朝,杨栋,等.基于三维CT图像的油页岩热解及内部结构变化特征分析[J].岩石力学与工程学报,2014,33(1):112-117.

[75] KANG Z Q,ZHAO J,YANG D,et al.Study of the evolution of micron-scale pore structure in oil shale at different temperatures[J].Oil shale,2017,34(1):42-54.

[76] 董付科,杨栋,冯子军.高温三轴应力下吉木萨尔油页岩渗透率演化规律[J].煤炭技术,2017,36(8):165-166.

[77] 康志勤,吕兆兴,杨栋,等.油页岩原位注蒸汽开发的固-流-热-化学耦合数学模型研究[J].西安石油大学学报(自然科学版),2008,23(4):30-34.

[78] 杨栋,薛晋霞,康志勤,等.抚顺油页岩干馏渗透实验研究[J].西安石油大学学报(自然科学版),2007,22(2):23-25.

[79] 刘中华,杨栋,薛晋霞,等.干馏后油页岩渗透规律的实验研究[J].太原理工大学学报,2006,37(4):414-416.

[80] 康志勤,王玮,曹伟,等.原位开采背景下油页岩渗透规律的研究[J].太原理工大学学报,2013,44(6):768-770.

[81] JABER J O,PROBERT S D.Pyrolysis and gasification kinetics of Jordanian oil-shales[J].Applied energy,1999,63(4):269-286.

[82] CHEN B,HAN X X,MU M,et al.Studies of the co-pyrolysis of oil shale and wheat straw[J].Energy and fuels,2017,31(7):6941-6950.

[83] BHARGAVA S K,GARG A,SUBASINGHE N D.In situ high-temperature phase transformation studies on pyrite[J].Fuel,2009,88(6):988-993.

[84] ENGLER P,SANTANA M W,MITTLEMAN M L,et al.Non-isothermal,in situ XRD analysis of dolomite decomposition[J].Thermochimica acta,1989,140:67-76.

[85] LOUCKS R G,REED R M,RUPPEL S C,et al.Morphology,genesis,and distribution of nanometer-scale pores in siliceous mudstones of the Mississippian Barnett shale [J].Journal of sedimentary research,2009,79(12):848-861.

[86] XI Z D,TANG S H,ZHANG S H,et al.Pore structure characteristics of marine-continental transitional shale:a case study in the Qinshui Basin,China[J].Energy and fuels,2017,31(8):7854-7866.

[87] LIU X F,WANG J F,GE L,et al.Pore-scale characterization of tight sandstone in

Yanchang Formation Ordos Basin China using micro-CT and SEM imaging from nm-to cm-scale[J].Fuel,2017,209:254-264.

[88] BREBU M,TAMMINEN T,SPIRIDON I.Thermal degradation of various lignins by TG-MS/FTIR and Py-GC-MS[J].Journal of analytical and applied pyrolysis,2013, 104:531-539.

[89] LIU Z J,MA H T,GUO J P,et al.Pyrolysis characteristics and effect on pore structure of Jimsar oil shale based on TG-FTIR-MS analysis[J].Geofluids,2022, 2022:7857239.

[90] 刘志军,杨栋,胡耀青,等.油页岩原位热解孔隙结构演化的低温氮吸附分析[J].西安科技大学学报,2018,38(5):737-742.

[91] BAI F T,SUN Y H,LIU Y M,et al.Thermal and kinetic characteristics of pyrolysis and combustion of three oil shales[J].Energy conversion and management,2015,97: 374-381.

[92] 李艳昌,吴丹,韩光,等.抚顺油页岩热解特性及产物分析[J].辽宁工程技术大学学报（自然科学版）,2014,33(12):1613-1616.

[93] 薛晋霞,刘中华.油页岩的热解特性试验研究[J].山西农业大学学报（自然科学版）, 2011,31(4):381-384.

[94] PAN L W,DAI F Q,LI G Q,et al.A TGA/DTA-MS investigation to the influence of process conditions on the pyrolysis of Jimsar oil shale[J].Energy,2015,86:749-757.

[95] 于忻邑.吉木萨尔油页岩热解及其灰渣利用[D].乌鲁木齐:新疆大学,2015.

[96] YAN J W,JIANG X M,HAN X X,et al.A TG-FTIR investigation to the catalytic effect of mineral matrix in oil shale on the pyrolysis and combustion of kerogen[J]. Fuel,2013,104:307-317.

[97] ALSTADT K N,KATTI D R,KATTI K S.An in situ FTIR step-scan photoacoustic investigation of kerogen and minerals in oil shale[J].Spectrochimica acta part A, molecular and biomolecular spectroscopy,2012,89:105-113.

[98] 南景宇.谈红外线的产生机理:双原子、分子红外光谱[J].物理通报,1996(5):11-13.

[99] 王擎,孙佰仲,吴吓华,等.油页岩半焦燃烧反应活性分析[J].化学工程,2006,34(11): 16-19.

[100] 茹鑫.油页岩热解过程分子模拟及实验研究[D].长春:吉林大学,2013.

[101] 孙佰仲.油页岩及半焦混合燃烧特性理论与试验研究[D].北京:华北电力大学,2009.

[102] 刘向君,熊健,梁利喜,等.基于微CT技术的致密砂岩孔隙结构特征及其对流体流动的影响[J].地球物理学进展,2017,32(3):1019-1028.

[103] LIU Z J,YANG D,HU Y Q,et al.Influence of in situ pyrolysis on the evolution of pore structure of oil shale[J].Energies,2018,11(4):755.

[104] RAVIKOVITCH P I,NEIMARK A V.Experimental confirmation of different mechanisms of evaporation from ink-bottle type pores:equilibrium,pore blocking, and cavitation[J].Langmuir,2002,18(25):9830-9837.

[105] 宋晓夏,唐跃刚,李伟,等.中梁山南矿构造煤吸附孔分形特征[J].煤炭学报,2013,

38(1):134-139.

[106] ZHANG B Q,LI S F. Determination of the surface fractal dimension for porous media by mercury porosimetry[J]. Industrial and engineering chemistry research, 1995,34(4):1383-1386.

[107] 陈亮,谭凯旋,刘江,等.新疆某砂岩铀矿含矿层孔隙结构的分形特征[J].中山大学学报(自然科学版),2012,51(6):139-144.

[108] KROHN C E. Fractal measurements of sandstones, shales, and carbonates[J]. Journal of geophysical research:solid earth,1988,93(B4):3297-3305.

[109] PFEIFERPER P,AVNIR D. Chemistry nonintegral dimensions between two and three[J]. Journal of chemical physics,1983,79(7):3369-3558.

[110] WANG G Y,YAND D,LIU S W,et al. Experimental study on the anisotropic mechanical properties of oil shales under real-time high-temperature conditions[J]. Rock mechanics and rock engineering,2021,54(12):6565-6583.

[111] 康志勤,赵阳升,杨栋.油页岩热破裂规律分形理论研究[J].岩石力学与工程学报, 2010,29(1):90-96.

[112] 赵贵杰.油页岩热损伤演化特性及损伤模型研究[D].长春:吉林大学,2015.

[113] PFEIFER P,AVNIR D.Chemistry in noninteger dimensions between two and three. I.Fractal theory of heterogeneous surfaces[J]. The journal of chemical physics, 1983,79(7):3558-3565.

[114] ISMAIL I M K,PFEIFER P.Fractal analysis and surface roughness of nonporous carbon fibers and carbon blacks[J].Langmuir,1994,10(5):1532-1538.

[115] YAO Y B,LIU D M,TANG D Z,et al.Fractal characterization of adsorption-pores of coals from north China:an investigation on CH_4 adsorption capacity of coals[J]. International journal of coal geology,2008,73(1):27-42.

[116] TANG P,CHEW N Y K,CHAN H K,et al.Limitation of determination of surface fractal dimension using N_2 adsorption isotherms and modified frenkel-halsey-hill theory[J].Langmuir,2003,19(7):2632-2638.

[117] 谢晓永,唐洪明,王春华,等.氮气吸附法和压汞法在测试泥页岩孔径分布中的对比[J].天然气工业,2006,26(12):1-3.

[118] 曹庚振,王林,张艳惠,等.氮气物理吸附法和压汞法表征 FCC 催化剂孔径分布研究[J].炼油与化工,2015,26(1):9-12.

[119] RIGBY S P,EDLER K J.The influence of mercury contact angle,surface tension, and retraction mechanism on the interpretation of mercury porosimetry data[J]. Journal of colloid and interface science,2002,250(1):175-190.

[120] YAO Y B,LIU D M.Comparison of low-field NMR and mercury intrusion porosimetry in characterizing pore size distributions of coals[J].Fuel,2012,95:152-158.

[121] 陈尚斌,秦勇,王阳,等.中上扬子区海相页岩气储层孔隙结构非均质性特征[J].天然气地球科学,2015,26(8):1455-1463.

[122] 刘厅,林柏泉,邹全乐,等.杨柳煤矿割缝预抽后煤体孔隙结构变化特征[J].天然气地

球科学,2015,26(10):1999-2008.

[123] 张红芬.煤自燃特性与巷道松散煤体自燃三维多场耦合研究[D].北京:中国矿业大学(北京),2016.

[124] 李武广,吴建发,宋文豪,等.页岩纳米孔隙分级量化评价方法研究[J].天然气与石油,2017,35(2):74-80.

[125] XIAO D S,LU Z Y,JIANG S,et al.Comparison and integration of experimental methods to characterize the full-range pore features of tight gas sandstone:a case study in Songliao Basin of China[J].Journal of natural gas science and engineering,2016,34:1412-1421.

[126] LIU Z J,MA H T,WANG Z,et al.Study on the pore evolution of Xinjiang oil shale under pyrolysis based on joint characterization of LNTA and MIP[J].Geomechanics and geophysics for geo-energy and geo-resources,2023,9(1):154.

[127] CLARKSON C R,SOLANO N,BUSTIN R M,et al.Pore structure characterization of north American shale gas reservoirs using USANS/SANS,gas adsorption,and mercury intrusion[J].Fuel,2013,103:606-616.

[128] KUILA U,PRASAD M.Specific surface area and pore-size distribution in clays and shales[J].Geophysical prospecting,2013,61(2):341-362.

[129] 邵继喜.热—力作用下砂岩损伤破裂演化规律实验研究[D].太原:太原理工大学,2018.

[130] 康志勤,王玮,赵阳升,等.基于显微 CT 技术的不同温度下油页岩孔隙结构三维逾渗规律研究[J].岩石力学与工程学报,2014,33(9):1837-1842.

[131] 刘志军,杨栋,邵继喜,等.基于低场核磁共振的抚顺油页岩孔隙连通性演化研究[J].波谱学杂志,2019,36(3):309-318.

[132] 李广友,马中良,郑家锡,等.油页岩不同温度原位热解物性变化核磁共振分析[J].石油实验地质,2016,38(3):402-406.

[133] Singer P M.NMR petrophysics for tight-oil shale enabled by core re-saturation[C]//International Symposium of the Society of Core Analysts,2014.

[134] YAO Y B,LIU D M,CHE Y,et al.Petrophysical characterization of coals by low-field nuclear magnetic resonance (NMR)[J].Fuel,2010,89(7):1371-1380.

[135] LI S,TANG D Z,PAN Z J,et al.Characterization of the stress sensitivity of pores for different rank coals by nuclear magnetic resonance[J].Fuel,2013,111:746-754.

[136] 郝锦绮,顾芷娟,周建国,等.磁铁矿岩的流变与磁化率各向异性[J].地球物理学报,1999,42(1):112-119.

[137] KLEINBERG R L,STRALEY C,KENYON W E,et al.Nuclear magnetic resonance of rocks:T1 vs.T2[C]//Proceedings of SPE Annual Technical Conference and Exhibition,1993.

[138] GEORGE C,肖立志,MANFRED P.核磁共振测井原理与应用[M].孟繁莹,译.北京:石油工业出版社,2007.

[139] KENYON W E.Petrophysical principles of applications of NMR logging[J].Log

analyst,1997,38(2):21-40.

[140] RAMIA M E,MARTÍN C A.Sedimentary rock porosity studied by electromagnetic techniques:nuclear magnetic resonance and dielectric permittivity[J].Applied physics A,2015,118(2):769-777.

[141] 姚艳斌,刘大锰.煤储层精细定量表征与综合评价模型[M].北京:地质出版社,2013.

[142] 王为民.核磁共振岩石物理研究及其在石油工业中的应用[D].武汉:中国科学院武汉物理与数学研究所,2001.

[143] ESEME E,URAI J L,KROOS B M,et al.Review of mechanical properties of oil shales:implications for exploitation and basin modelling[J].Oil shale,2007,24(2):159-174.

[144] 孙可明,赵阳升,杨栋.非均质热弹塑性损伤模型及其在油页岩地下开发热破裂分析中的应用[J].岩石力学与工程学报,2008,27(1):42-52.

[145] KLINKENBERG L J.The permeability of porous media to liquids and gases[J].Drilling and production practice,1941,2(2):200-213.

[146] 科林斯.流体通过多孔材料的流动[M].陈钟祥,吴望一,译.北京:石油工业出版社,1984.

[147] 黄建章,冯建明,陈心胜.获得克氏渗透率常规方法的简化[J].石油勘探与开发,1994,21(4):54-58.

[148] 吴英,程林松,宁正福.低渗气藏克林肯贝尔常数和非达西系数确定新方法[J].天然气工业,2005,25(5):78-80.

[149] SAMPATH K,KEIGHIN C W.Factors affecting gas slippage in tight sandstones of Cretaceous age in the Uinta Basin[J].Journal of petroleum technology,1982,34(11):2715-2720.

[150] 李传亮.滑脱效应其实并不存在[J].天然气工业,2007,27(10):85-87.

[151] 张志刚.含瓦斯煤体渗透规律的实验研究[J].煤矿开采,2011,16(5):15-18.

[152] 周祥,张士诚,马新仿,等.页岩气藏体积压裂水平井产能模拟研究进展[J].新疆石油地质,2015,36(5):612-619.

[153] ROY S,RAJU R,CHUANG H F,et al.Modeling gas flow through microchannels and nanopores[J].Journal of applied physics,2003,93(8):4870-4879.

[154] 朱光亚,刘先贵,李树铁,等.低渗气藏气体渗流滑脱效应影响研究[J].天然气工业,2007,27(5):44-47.

[155] 冯增朝,郭红强,李桂波,等.煤中吸附气体的渗流规律研究[J].岩石力学与工程学报,2014,33(增刊2):3601-3605.

[156] 李隽,汤达祯,薛华庆,等.中国油页岩原位开采可行性初探[J].西南石油大学学报(自然科学版),2014,36(1):58-64.

[157] 邓强国,宋鹏云,毛文元,等.气体黏度与温度和压力关系的拟合表达式[J].排灌机械工程学报,2017,35(2):144-151.

[158] 郭绪强,荣淑霞,杨继涛,等.纯组分高压流体的粘度模型[J].石油大学学报(自然科学版),1998,22(6):95-97.

[159] 李凯.油页岩原位开采水热力耦合模型与水力压裂规律研究[D].阜新:辽宁工程技术大学,2011.

[160] LEE K J,MORIDIS G J,EHLIG-ECONOMIDES C A.Compositional simulation of hydrocarbon recovery from oil shale reservoirs with diverse initial saturations of fluid phases by various thermal processes[J].Energy exploration and exploitation,2017,35(2):172-193.

[161] LIU Z J,MA H T,WANG Z,et al.Experimental study on the thermophysical properties of Jimsar oil shale[J].Oil shale,2023,40(3):194-211.